国家中等职业教育改革发展示范学校建设项目成果教材

综合布线

主　编　潘　柳

副主编　黄永前　张恒升

参　编　郭　颖　黄贯伟　史硕江

机械工业出版社

本书从综合布线的基础知识出发，以真实施工案例为背景，采用项目形式组织材料，配以大量的图片，详细地说明了网络布线系统工程中设计、施工、测试过程的基本内容；深入浅出地介绍了综合布线系统的最新标准、最新技术和最新产品；突出强调了施工工艺的重要性，操作实用性强，通俗易懂。本书可作为中等职业学校计算机网络技术专业课程的教学实训教材，也可作为计算机爱好者的自学参考用书。

为方便教师教学，本书配有电子课件，读者可登录网站（www.cmpedu.com）免费注册下载，或联系编辑（010-88379194）咨询。

图书在版编目（CIP）数据

综合布线 / 潘柳主编. —北京：机械工业出版社，2013.10（2025. 1 重印）

国家中等职业教育改革发展示范学校建设项目成果教材

ISBN 978-7-111-44034-5

Ⅰ. ①综… Ⅱ. ①潘… Ⅲ. ①计算机网络－布线－中等专业学校－教材 Ⅳ. ①TP393.03

中国版本图书馆 CIP 数据核字（2013）第 215148 号

机械工业出版社（北京市百万庄大街 22 号　邮政编码 100037）

策划编辑：梁　伟　　　责任编辑：李绍坤　王　荣

封面设计：陈　沛　　　责任校对：李　丹

北京虎彩文化传播有限公司印刷

2025 年 1 月第 1 版第 7 次印刷

184mm×260mm · 8.5 印张 · 204 千字

标准书号：ISBN 978-7-111-44034-5

定价：22.00 元

电话服务　　　　　　　　　　网络服务

客服电话：010-88361066　机　工　官　网：www.cmpbook.com

010-88379833　机　工　官　博：weibo.com/cmp1952

010-68326294　金　书　网：www.golden-book.com

　机工教育服务网：www.cmpedu.com

前　言

随着城镇化建设的快速发展，作为智能建筑基础设施的综合布线系统在网络工程中广泛使用。目前，社会上需要大批具有综合布线技术知识与技能的工程技术、施工、管理人员。

本书编写从综合布线的基础知识出发，遵循“基本概念→规划设计→规范施工→测试验收”的思路。以真实施工案例为背景，采用项目形式组织编写。以国际国内标准、规范为依据，根据实际使用情况，分析线缆、室内和室外光纤及连接器件在实际工程项目中的设计、施工、测试应用。本书分为 4 个实训项目，内容安排如下。

项目 1：介绍综合布线的基本概念，包括组成、特点、国内外的主要标准规范以及综合布线各个子系统简介。

项目 2：介绍综合布线的设计规范、系统结构、预算统计，包括系统图、施工图、点数统计表、端口对应表和预算表等。

项目 3：介绍综合布线各系统的安装要求和规范，包括端接技术、布线技术、光纤熔接技术等。

项目 4：介绍综合布线工程的电缆布线测试和光缆测试，包括验证测试和认证测试标准、模式、参数测试方法，还有测试仪器的使用以及测试结果的分析。

本书从内容上突出知识性和实用性，优化实训内容，加强知识实际应用，突出技能操作实训，体现职业技能教育特色，可作为中等职业学校计算机网络技术专业课程的教学实训教材。

本书共 90 学时，建议学时分配如下：

项　目	操作学时	理论学时
项目 1　认识综合布线系统	6	2
项目 2　综合布线工程设计	22	8
项目 3　综合布线工程施工	33	9
项目 4　综合布线工程测试	6	4

本书由潘柳任主编，黄永前、张恒升任副主编，参与编写的还有史硕江、黄贯伟、郭颖。本书编写分工为：黄永前、郭颖编写项目 1、项目 2，潘柳、黄贯伟编写项目 3，张恒升、史硕江编写项目 4。参与编写的教师都具有丰富的综合布线工程项目实战经验，指导学生参加全国和广西省中职技能大赛“综合布线技术”项目均获佳绩。

由于综合布线技术发展迅速，相关技术和设备日新月异，且编者水平有限，书中难免存在不足之处，敬请读者批评指正。

编　者

目 录

项目1　认识综合布线系统

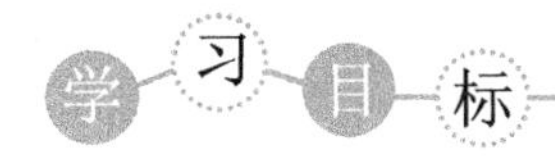

1）了解综合布线系统的特点及综合布线的国际和国内标准。

2）熟悉综合布线系统的7个子系统结构。

培养收集、查阅综合布线相关技术资料的能力。

任务1　了解综合布线系统

1.1.1　任务描述

综合布线系统（Generic Cabling System，GCS）是一种模块化、结构化、高灵活性的、存在于建筑物内和建筑群之间的信息传输通道。综合布线系统的兴起与发展，是在计算机和通信技术发展的基础上进一步适应社会信息化的需要而发展起来的，同时也是智能大厦发展的结果。本任务通过了解综合布线的发展过程，掌握综合布线系统的特点。

1.1.2　综合布线系统概述

1.智能大厦

科学技术的不断进步促使大型建筑物的服务功能不断增加，尤其是计算机、通信、控制技术及图形显示技术的相互融合和发展，使大厦的智能化程度越来越高，满足了现代化办公等多方面需求。目前，智能大厦的建设方兴未艾，成为现代化大都市的基本组成部分。

智能大厦是将建筑、通信、计算机和监控等方面的先进技术相互融合，集成为一个优化的整体，具有工程投资合理、设备高度自控、信息管理科学、服务高效优质、使用灵活便利和环境安全舒适等特点，是能够适应信息化社会发展需要的"建筑物"。

智能大厦是多学科、跨行业的系统工程，是现代高新技术的结晶，是建筑艺术与信息技术相结合的产物。它将所用系统的主要设备放置于智能大厦的控制中心进行统一管理，然后通过综合布线系统与放置于各个房间或通道内的通信终端（如电话机、传真机等）和传感器（如烟雾、压力、温度等传感器）连接，获取大厦内的各种信息，再由控制中心的计算机进行处理，控制通信终端和传感器做出正确的反应（如各种电气开关、电子门锁等）。智能大厦正是通过这种智能化控制，实现了对大厦内的供配电、空调、消防、安保、给水排水、照明和通信等多项服务的集中控制，从而使大厦更易于管理，大大地提高了大厦的使用效率。

智能大厦的主要特征可以归纳为以下 4 个方面：

1）楼宇自动化（Building Automation，BA）。

2）通信自动化（Communication Automation，CA）。

3）办公自动化（Office Automation，OA）。

4）布线综合化（Cabling Totalization，CT）。

前三大特征综合起来就得到 3A 智能建筑。一幢智能大厦通常有计算机网络系统、楼宇自动化系统（Building Automation System，BAS）、办公自动化系统（Office Automation System，OAS）、通信自动化系统（Communication Automation System，CAS）和综合布线系统（Generic Cabling System，GCS）五大系统，通过主控制中心连接到一起。智能大厦系统组成及功能示意图如图 1-1 所示。

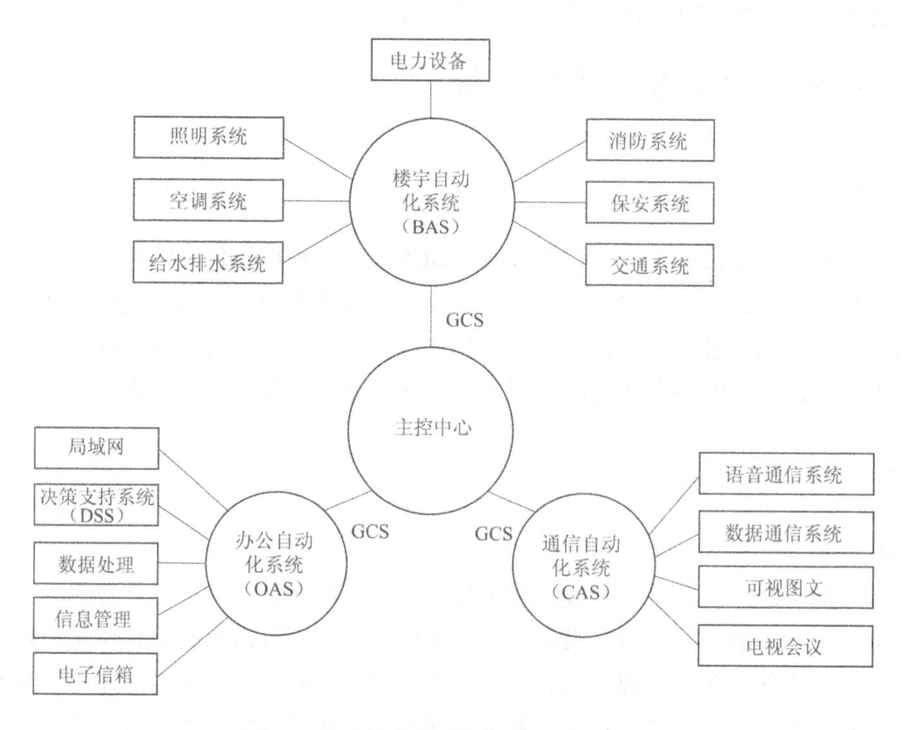

图1-1　智能大厦系统组成及功能示意图

在智能大厦中，综合布线系统是所有信息的传输通道，它采用积木式结构、模块化设计和统一的技术标准，能满足智能化建筑高效、可靠、灵活的通信要求。

2. 综合布线系统的发展过程

传统的布线（如电话线缆、有线电视线缆和计算机网络线缆等）都是由不同单位各自设计和安装完成的，采用不同的线缆及终端插座，各个系统相互独立。由于各个系统的终端插座、终端插头和配线架等设备都无法兼容，所以当设备需要移动或更换时，就必须重新布线。这种传统的布线方式既增加了资金的投入，也使得建筑物内的线缆杂乱无章，增加了管理和维护的难度。

早在20世纪50年代初期，一些发达国家就在高层建筑中采用电子器件组成控制系统，各种仪表、信号灯以及操作按键通过各种线路接至分散在现场各处的机电设备上，用来集中监控设备的运行情况，并对各种机电系统实现手动或自动控制。由于电子器件较多，线路又多又长，因此控制点数受到很大的限制。20 世纪 60 年代，开始出现数字式自动化系统。20 世纪 70 年代，建筑物自动化系统采用专用计算机系统进行管理、控制和显示。20 世纪 80 年代中期开始，随着超大规模集成电路技术和信息技术的发展，出现了智能化建筑物。

20 世纪 80 年代末期，美国朗讯科技（原 AT&T）公司贝尔实验室的科学家们经过多年的研究，在该公司的办公楼和工厂试验成功的基础上，在美国率先推出了结构化布线系统（Structured Cabling System），其代表产品是 SYSTIMAX Premises Distribution System（简称 SYSTIMAX PDS）。

我国在 20 世纪 80 年代末期开始引入综合布线系统，20 世纪 90 年代中后期综合布线系统得到了迅速发展。目前，现代化建筑中广泛采用综合布线系统，“综合布线”已成为我国现代化建筑工程中网络工程的热门课题，也是建筑工程、通信工程设计及安装施工相互结合的一项十分重要的内容。

3. 综合布线系统特点

与传统网络布线技术相比，综合布线系统具有以下 6 个特点。

（1）兼容性

旧式建筑物中提供了电话、电力、闭路电视等服务，每项服务都要使用不同的电缆及开关插座。例如，电话系统采用一般的双绞线电缆，闭路电视系统采用专用的视频电缆，计算机网络系统采用同轴电缆或双绞线电缆。各个应用系统的电缆规格差异很大，彼此不能兼容，因此只能各个系统独立安装，布线混乱无序，直接影响到建筑物的美观和使用。

综合布线系统具有综合所有系统和互相兼容的特点，采用光缆或高质量的布线材料和接续设备，能满足不同生产厂商终端设备的需要，使语音、数据和视频信号均能高质量地传输。

（2）开放性

综合布线系统采用开放式体系结构，符合多种国际上现行的标准，几乎对所有厂商的产品都是开放的，如计算机设备、交换机设备等，并支持所有通信协议。

（3）灵活性

传统布线系统的体系结构是固定的，不考虑设备的搬迁或增加，因此设备搬移或增加后就必须重新布线，耗时费力。综合布线采用标准的传输线缆、相关连接硬件及模块化设计，所有的通道都是通用性的，所有设备的开通及变动均不需要重新布线，只需增减相应的设备并在配线架上进行必要的跨接线管理即可实现。综合布线系统的组网也灵活多样，同一房间内可以安装多台不同的用户终端，如计算机、电话和电视等。

（4）可靠性

传统布线方式的各个系统独立安装，往往因为各应用系统布线不当会造成交叉干扰，无法保障各应用系统的信号高质量传输。综合布线采用高品质的材料和组合压接的方式构成一套高标准的信息传输通道，所有线缆和相关连接器件均通过 ISO 认证，每条通道都要经过专业测试仪器对链路的阻抗、衰减及串扰等各项指标进行严格测试，以确保其电气性能符合认证要求。应用系统全部采用点到点端接，任何一条链路故障均不影响其他链路的运行，从而保证整个系统的可靠运行。

（5）先进性

综合布线系统采用光纤与双绞线电缆混合布线方式，合理地组成一套完整的布线体系。所有布线均采用世界上最新通信标准，链路均按 8 芯双绞线配置，5 类、超 5 类双绞线电缆引到桌面，可以满足 100Mbit/s 数据传输的需求，特殊情况下，还可以将光纤引到桌面，实现千兆数据传输的应用需求。

（6）经济性

综合布线与传统的布线方式相比，是一种既具有良好的初期投资特性，又具有很高的性能价格比的高科技产品。综合布线系统可以兼容各种应用系统，又考虑了建筑内设备的变更及科学技术的发展，因此可以确保大厦建成后的较长一段时间内，满足用户应用不断增长的需求，节省了重新布线的额外投资。

1.1.3 实训任务

现场考察已建成且投入使用的建筑物（如写字楼、居民小区、图书馆、办公楼等），了解该建筑物的综合布线系统的情况，查阅相关的资料，完成调查报告。

任务 2 了解综合布线系统标准

1.2.1 任务描述

综合布线系统自问世以来已经历了近 20 年的历史，随着信息技术的发展，布线技术不断推陈出新；与之相适应，布线系统的相关标准也得到了不断的发展与完善。国际标准化组织/国际电工技术委员会（ISO/IEC）、欧洲标准化委员会（CENELEC）和美国国家标准局（ANSI）都在努力制定更新的标准以满足技术和市场的需求。国家质监局和住建部根据我国国情并力求与国际接轨而制定了相应的标准，促进和规范了我国综合布线技术的发展。

1.2.2 综合布线标准

1. 国际标准

国际上流行的综合布线标准有美国的 TIA/EIA 568、国际标准化组织的 ISO/IEC 11801 和欧洲的 EN 50173。

（1）美国标准

综合布线标准最早起源于美国，美国电子工业协会（Electronic Industries Association，EIA）负责制定有关界面电气特性的标准，美国通信工业协会（Telecommunications Industries

Association，TIA）负责制定通信配线及架构的标准。设立标准的目的是：建立一种支持多供应商的通用电信布线系统；可以进行商业大楼结构化布线系统的设计和安装；建立综合布线系统配置的性能和技术标准。

1991 年，美国国家标准局（American National Standards Institute，ANSI）发布了 TIA/EIA 568 商业建筑线缆标准，经改进后于 1995 年 10 月正式将 TIA/EIA 568 修订为 TIA/EIA 568A 标准。该标准规定了 100Ω 非屏蔽双绞线（UTP）、150Ω 屏蔽双绞线（STP）、50Ω 同轴线缆和 62.5/125μm 光纤的参数指标，并公布了相关的技术公告文本（Technical System Bulletin，TSB），如 TSB 67、TSB 72、TSB 75、TSB 95 等，同时还附加了 UTP 信道在较差情况下布线系统的电气性能参数，在这个标准后，还有 5 个增编，分别为 A1～A5。

ANSI 于 2002 年发布了 TIA/EIA 568B，以此取代了 TIA/EIA 568A。该标准由 B1、B2 和 B3 三个部分组成。第一部分（B1）是一般要求，着重于水平和主干布线拓扑、距离、介质选择、工作区连接、开放办公布线、电信与设备间、安装方法以及现场测试等内容，它集合了 TIA/EIA TSB 67、TSB 72、TSB 75、TSB 95，TIA/EIA 568 A2、A3、A5，TIA/EIA/IS 729 等标准中的内容。第二部分（B2）是平衡双绞线布线系统，着重于平衡双绞线电缆、跨接线、连接硬件的电气和机械性能规范，以及部件可靠性测试规范、现场测试仪性能规范、实验室与现场测试仪比对方法等内容，它集合了 TIA/EIA 568 A1 和部分 TIA/EIA 568 A2、TIA/EIA 568 A3、TIA/EIA 568 A4、TIA/EIA 568 A5、TIA/EIA/IS729、TSB 95 中的内容，它有一个增编 B2.1，是目前第一个关于 6 类布线系统的标准。第三部分（B3）是光纤布线部件标准，用于定义光纤布线系统的部件和传输性能指标，包括光缆、光跨接线和连接硬件的电气与机械性能要求、器件可靠性测试规范、现场测试性能规范等。

新的 TIA/EIA 568 C 版本系列标准也正准备发布。TIA/EIA 568 C 分为 C.0、C.1、C.2 和 C.3 共 4 个部分，C.0 为用户建筑物通用布线标准，C.1 为商业楼宇电信布线标准，C.2 为平衡双绞线电信布线和连接硬件标准，C.3 为光纤布线和连接硬件标准。

（2）国际标准

国际标准化组织/国际电工技术委员会（ISO/IEC）于 1988 年开始，在美国国家标准协会制定的有关综合布线标准的基础上做了修改，并于 1995 年 7 月正式公布 ISO/IEC 11801：1995（E），作为国际标准提供各个国家使用。目前该标准有 3 个版本，分别为 ISO/IEC 11801：1995，ISO/IEC 11801：2000 及 ISO/IEC 11801：2002。

ISO/IEC 11801：1995 是第一版，ISO/IEC 11801：2000 是修订版，对第一版中“链路”的定义进行了修正。ISO/IEC 11801：2002 是第二版，新定义了 6 类和 7 类线缆标准，同时将多模光纤重新分为 OM1、OM2 和 OM3 三类，其中 OM1 指目前传统 62.5μm 多模光纤，OM2 指目前传统 50μm 多模光纤，OM3 是新增的万兆光纤，能在 300m 距离内支持 10Gbit/s 数据传输。

（3）欧洲标准

英国、法国、德国等国于 1995 年 7 月联合制定了欧洲标准（EN 50173），供欧洲一些国家使用，该标准在 2002 年做了进一步的修订。

目前，国际上常用的综合布线标准见表 1-1。

表 1-1　综合布线常用标准

<table>
<tr><th>制定国家</th><th>标准名称</th><th>标准内容</th><th>公布时间</th></tr>
<tr><td rowspan="16">美国</td><td>TIA/EIA 568A</td><td>商业建筑物电信布线标准</td><td rowspan="9">1995 年</td></tr>
<tr><td>TIA/EIA 568 A1</td><td>传输延迟和延迟差的规定</td></tr>
<tr><td>TIA/EIA 568 A2</td><td>共模式端接测试连接硬件附加规定</td></tr>
<tr><td>TIA/EIA 568 A3</td><td>混合线绑扎电缆</td></tr>
<tr><td>TIA/EIA 568 A4</td><td>安装 5 类线规范</td></tr>
<tr><td>TIA/EIA 568 A5</td><td>5e 类新的附加规定</td></tr>
<tr><td>TSB 67</td><td>非屏蔽 5 类双绞线的认证标准</td></tr>
<tr><td>TSB 72</td><td>集中式光纤布线标准</td></tr>
<tr><td>TSB 75</td><td>开放型办公室水平布线附加标准</td></tr>
<tr><td>TIA/EIA 568B</td><td>商业建筑通信布线系统标准（B1～B3）</td><td rowspan="4">2002 年</td></tr>
<tr><td>TIA/EIA 568 B1</td><td>综合布线系统总体要求</td></tr>
<tr><td>TIA/EIA 568 B2</td><td>平衡双绞线布线组件</td></tr>
<tr><td>TIA/EIA 568 B3</td><td>光纤布线组件</td></tr>
<tr><td>TIA/EIA 569</td><td>商业建筑通信通道和空间标准</td><td>1990 年</td></tr>
<tr><td>TIA/EIA 606</td><td>商业建筑物电信基础结构管理标准</td><td>1993 年</td></tr>
<tr><td>TIA/EIA 607</td><td>商业建筑物电信布线接地和保护连接要求</td><td>1994 年</td></tr>
<tr><td>TIA/EIA 570A</td><td>住宅及小型商业区综合布线标准</td><td>1998 年</td></tr>
<tr><td rowspan="3">欧洲</td><td>EN 50173</td><td>信息系统通用布线标准</td><td rowspan="2">1995 年</td></tr>
<tr><td>EN 50174</td><td>信息系统布线安装标准</td></tr>
<tr><td>EN 50289</td><td>通信电缆试验方法规范</td><td>2004 年</td></tr>
<tr><td rowspan="3">ISO</td><td>ISO/IEC 11801</td><td>信息技术——用户建筑群通用布线国际标准第一版</td><td>1995 年</td></tr>
<tr><td>ISO/IEC 11801</td><td>信息技术——用户建筑群通用布线国际标准修订版</td><td>2000 年</td></tr>
<tr><td>ISO/IEC 11801</td><td>信息技术——用户建筑群通用布线国际标准第二版</td><td>2002 年</td></tr>
</table>

2. 国内标准

我国国内标准有原信息产业部与原建设部联合发布的国家标准 GB 50311—2007《综合布线系统工程设计规范》、GB 50312—2007《综合布线系统工程验收规范》等。我国国家及行业综合布线标准的制定，使我国综合布线走上标准化轨道，促进了综合布线在我国的应用和发展。

2007 年 4 月，原信息产业部和原建设部颁布了新标准 GB 50311—2007《综合布线系统工程设计规范》和 GB 50312—2007《综合布线系统工程验收规范》，并于 2007 年 10 月执行。该标准参考了国际上综合布线标准的最新成果，对综合布线系统的组成、综合布线子系统的组成、系统的分级等进行了严格的规范，新增了 5e 类、6 类和 7 类铜缆相关标准内容。

在进行综合布线设计时，具体标准的选用应根据用户投资金额、用户的安全性需求等多方面来决定，按相应的标准或规范来设计综合布线系统可以减少建设和维护费用。我国主要的综合布线标准见表 1-2。

表 1-2 国内主要的综合布线标准

制定部门	标准名称	标准内容	公布时间
中国工程建设标准化协会	CECS 119—2000	城市住宅建筑综合布线系统工程设计规范	2000 年
工业和信息化部、原信息产业部	YD/T 926.1～3—2009	大楼通信综合布线系统	2009 年
	YD 5082—1999	建筑与建筑群综合布线系统工程设计施工图集	1999 年
	YD/T 1013—2013	综合布线系统电气特性通用测试方法	2013 年
	YD/T 1460.1～5—2006	通信用气吹微型光缆及光纤单元	2006 年
原信息产业部与原建设部	GB 50311—2007	综合布线系统工程设计规范	2007 年
	GB 50312—2007	综合布线系统工程验收规范	

1.2.3 实训任务

收集并查阅相关标准，特别阅读 GB 50311—2007《综合布线系统工程设计规范》和 GB 50312—2007《综合布线系统工程验收规范》，了解综合布线系统设计验收的相关知识。

任务 3 了解综合布线系统组成

1.3.1 任务描述

掌握综合布线系统中 7 个子系统：工作区、配线子系统、干线子系统、建筑群子系统、设备间子系统、进线间子系统和管理子系统。各个子系统的范围与组成和作用及相互关系。

1.3.2 综合布线系统组成

国标 GB 50311—2007《综合布线系统工程设计规范》对上述 7 个子系统进行了重新划分，定义了工作区、配线子系统、干线子系统、建筑群子系统、设备间子系统、进线间子系统和管理子系统 7 个子系统，新标准的配线子系统与旧标准的水平子系统对应，新增加了进线间子系统，并对管理子系统做了重新定义。旧标准对进线部分没有明确定义，随着智能大厦的大规模发展，建筑群之间的进线设施越来越多，各种进线的管理变得越来越重要，独立设置进线间就体现了这一要求。

综合布线系统的基本组成结构图如图 1-2 所示，其中，CD 为建筑群配线设备，BD 为建筑物配线设备，FD 为楼层配线设备，CP 为集合点，TO 为信息插座模块，TE 为终端设备。

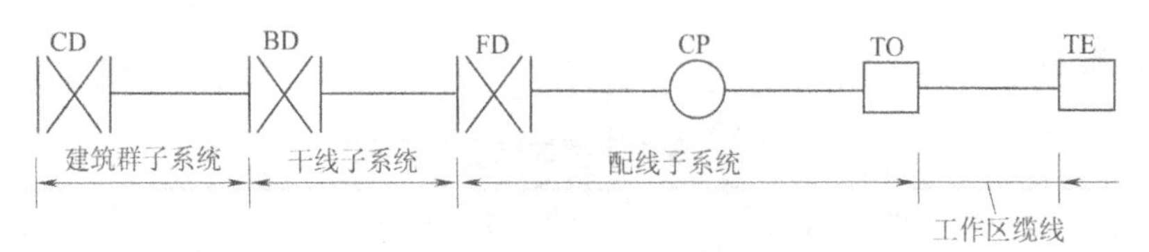

图1-2 综合布线系统的基本组成结构图

下面依次介绍新国标的 7 个子系统。

（1）工作区子系统

一个独立的需要设置终端设备（TE）的区域划分为一个工作区。工作区由配线子系统的信息插座模块（TO）延伸到终端设备处的连接缆线及适配器组成。工作区子系统的组成如图 1-3 所示。

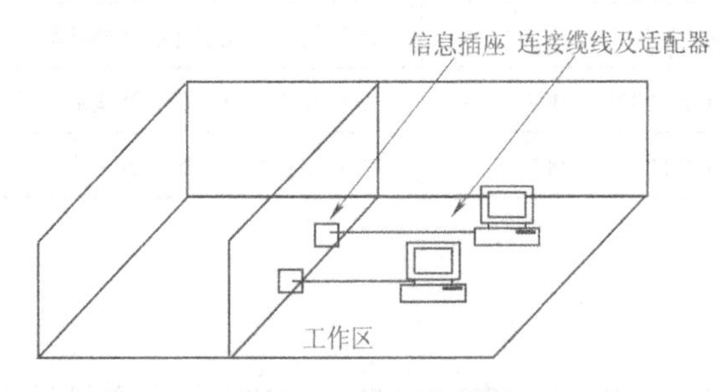

图1-3 工作区子系统

适配器（adapter）可以是一个独立的硬件接口转接设备，也可以是信息接口。综合布线系统工作区信息插座是标准的 RJ45 接口模块。如果终端设备不是 RJ45 接口时，则需要另配一个接口转接设备（适配器）才能实现通信。

工作区子系统常见的终端设备有计算机、电话机、传真机和电视机等。因此工作区对应的信息插座模块包括计算机网络插座、电话语音插座和有线电视（CATV）插座等，并配置相应的连接线缆，如 RJ45-RJ45 连接线缆、RJ11-RJ11 电话线和有线电视电缆。

需要注意的是，信息插座模块尽管安装在工作区，但它属于配线子系统的组成部分。

（2）配线子系统

配线子系统由工作区的信息插座模块、信息插座模块至电信间配线设备（FD）的配线电缆和光缆、电信间的配线设备及设备缆线和跳线等组成，如图 1-4 所示。

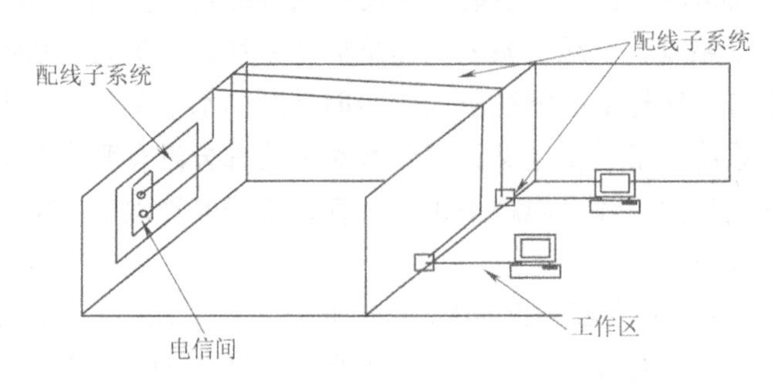

图1-4 配线子系统

配线设备（distributor）是电缆或光缆进行端接和连接的装置。在配线设备上可进行互连或交接操作。交接采用接插软线或跨接线连接配线设备和信息通信设备（数据交换机、语音交换机等），互连是不用接插软线或跨接线，而使用连接器件把两个配线设备连接在一起。通常的配线设备就是配线架（patch panel），规模大一点的还有配线箱和配线柜。电信间、建筑物设备间和建筑群设备的配线设备分别简称为 FD、BD 和 CD。

在综合布线系统中，配线子系统要根据建筑物的结构合理选择布线路由，还要根据所连接不同种类的终端设备选择相应的线缆。配线子系统常用的线缆是 4 对屏蔽或非屏蔽双绞线、同轴电缆或双绞线跨接线。对于某些高速率通信应用，配线子系统也可以使用光缆构建一个光纤到桌面的传输系统。

（3）干线子系统

干线子系统是综合布线系统的数据流主干，所有楼层的信息流通过配线子系统汇集到干线子系统。干线子系统由设备间至电信间的干线电缆和光缆、安装在设备间的建筑物配线设备（BD）及设备缆线和跨接线组成，如图 1-5 所示。

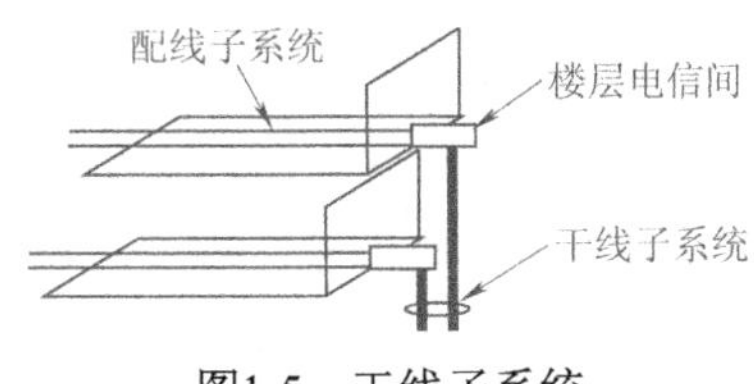

图1-5　干线子系统

干线子系统一般采用大对数双绞线电缆或光缆，两端分别端接在设备间和楼层电信间的配线架上。干线电缆的规格和数量由每个楼层所连接的终端设备类型及数量决定。干线子系统一般采用垂直路由、干线线缆沿着垂直竖井布放。

（4）建筑群子系统

建筑群子系统由连接多个建筑物之间的主干电缆和光缆、建筑群配线设备（CD）及设备缆线和跨接线组成，如图 1-6 所示。

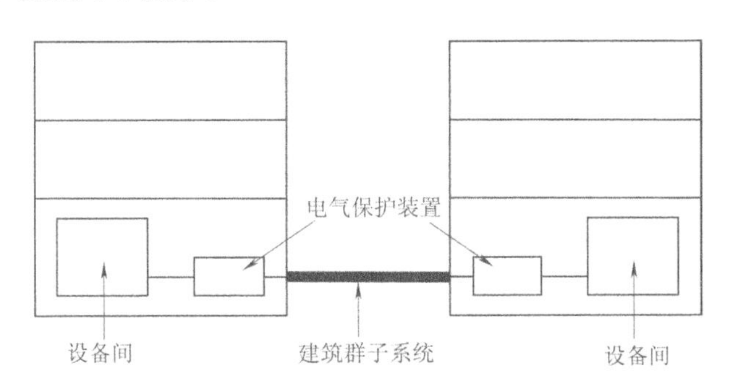

图1-6　建筑群子系统

建筑群子系统提供了楼群之间通信所需的硬件，包括电缆、光缆以及防止电缆上的脉冲电压进入建筑物的电气保护设备。它常用大对数电缆和室外光缆作为传输线缆。

（5）设备间子系统

设备间是在每幢建筑物的适当地点进行网络管理和信息交换的场地。对于综合布线系统工程设计，设备间主要用于安装建筑物配线设备。电话交换机、计算机网络设备（如网络交换机、路由器）及入口设施也可以与配线设备安装在一起。

设备间子系统由设备间内安装的电缆、连接器和有关的支撑硬件组成，如图 1-7 所示。它的作用是把公共系统设备的各种不同设备互连起来，如将电信部门的中继线和公共系统设备互连起来。为便于设备搬运、节省投资，设备间的位置最好选定在建筑物的第二层或第三层。

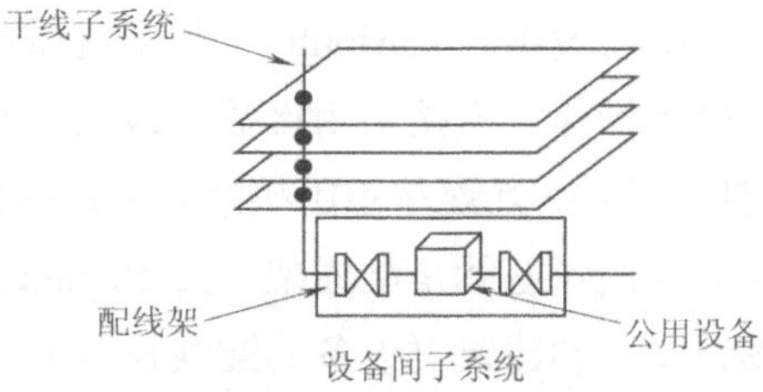

图1-7　设备间子系统

（6）进线间子系统

进线间是建筑物外部通信和信息管线的入口部位，并可作为入口设施和建筑群配线设备的安装场地。

（7）管理子系统

管理子系统主要对工作区、电信间、设备间、进线间的配线设备、缆线和信息插座模块等设施按一定的模式进行标志和记录。

从功能及结构来看，综合布线的 7 个子系统密不可分，组成了一个完整的系统。如果将综合布线系统比喻为一棵树，则工作区子系统是树的叶子，配线子系统是树枝，干线子系统是树干，进线间、设备间子系统是树根，管理子系统是树枝与树干、树干与树根的连接处。工作区内的终端设备通过配线子系统、干线子系统构成的链路通道，最终连接到设备间内的应用管理设备。

综合布线系统的各子系统与应用系统的连接关系如图 1-8 所示。

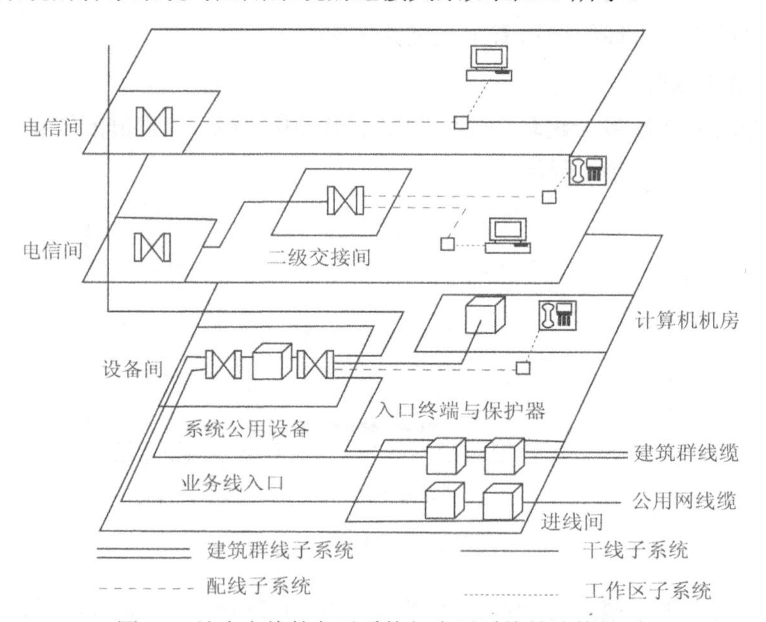

图1-8　综合布线的各子系统与应用系统的连接关系

1.3.3　实训任务

分析本项目 1.1.3 小节实训任务中实地勘察的建筑物中综合布线系统各子系统的结构、组成和布设特点。

项目 2　综合布线工程设计

1）了解综合布线系统工程设计的一般原则和设计步骤。

2）掌握综合布线系统设计的基本内容。

能够为综合布线工程设计工程建设方案。

任务 1　认识项目设计

2.1.1　任务描述

1.项目背景情况

为适应今后信息技术发展需要，某职业技术学校图书馆综合楼进行网络改造建设，重新布设网络和机房设备升级更换。该综合楼共 4 层，建筑面积共 3600m^2，是办公、会议、图书室、机房等综合办公场所。大楼每层建筑平面图如图 2-1～图 2-4 所示，每层楼高 4 米，楼层都有竖井供线路布设。

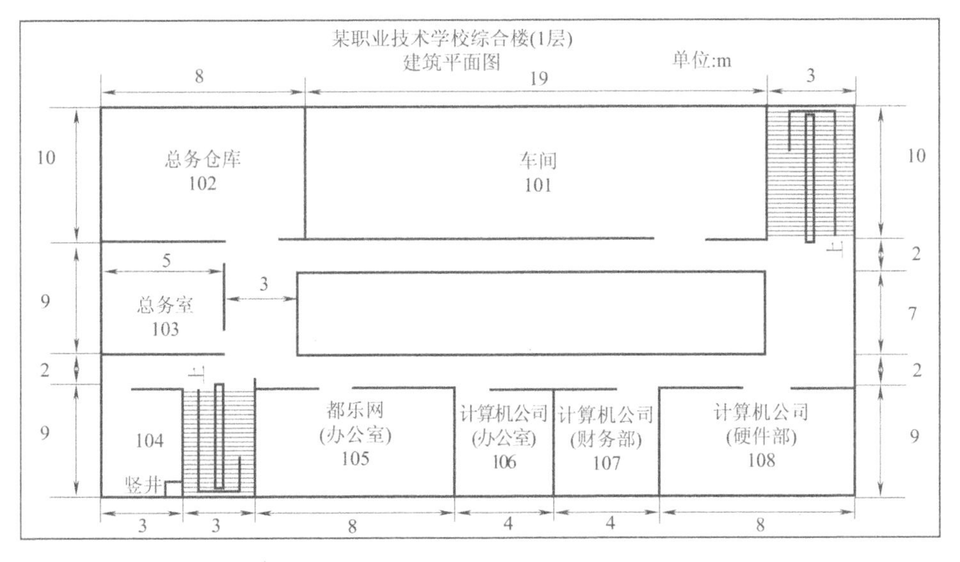

图2-1　一层建筑平面图

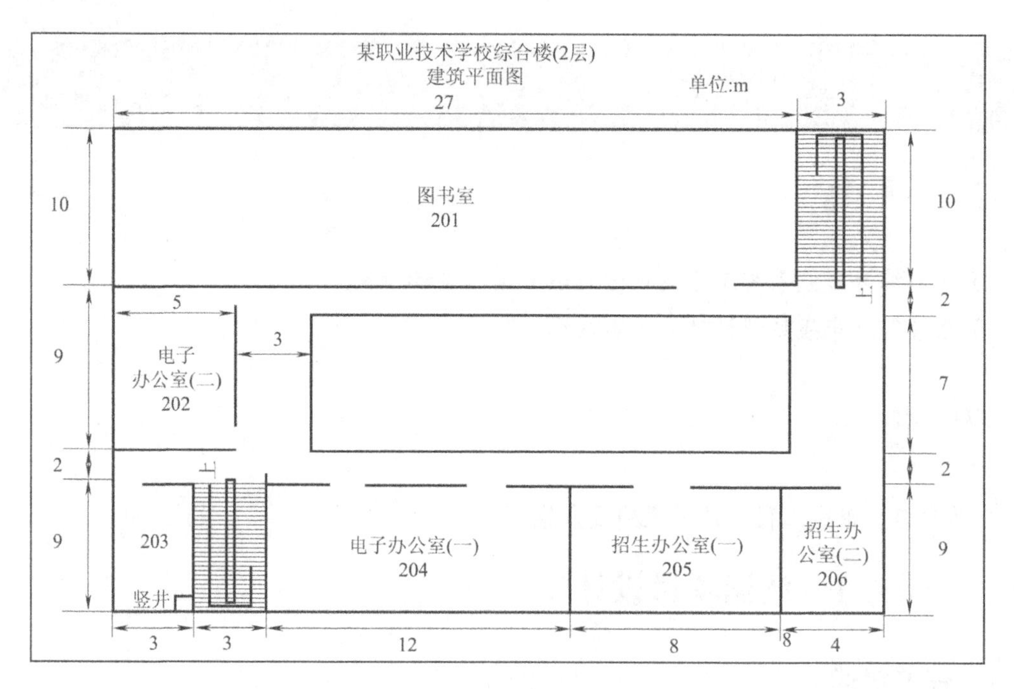

图2-2　二层建筑平面图

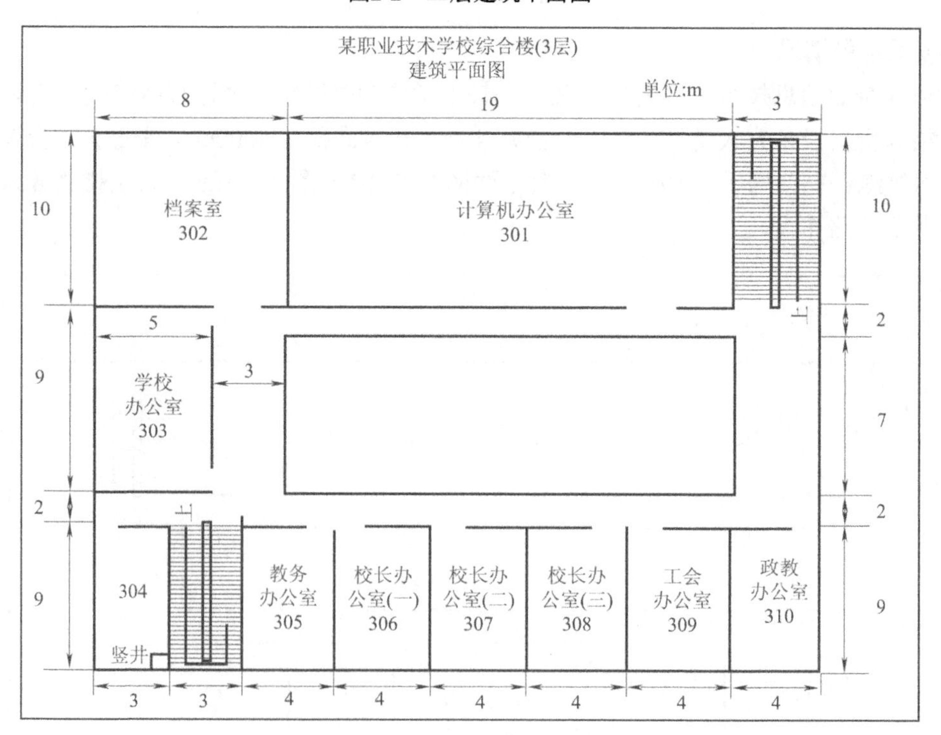

图2-3　三层建筑平面图

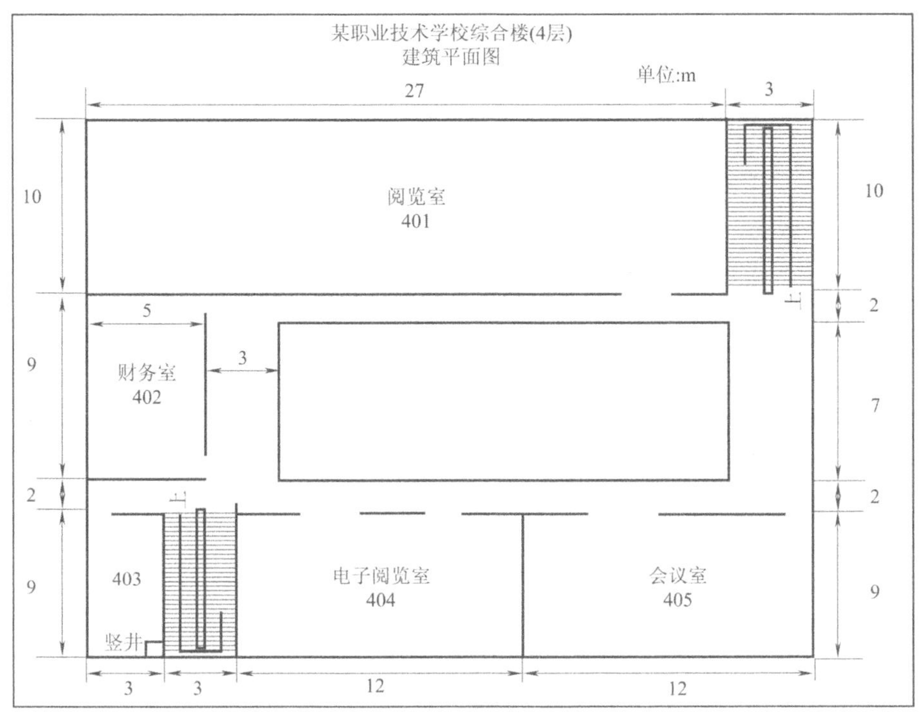

图2-4　四层建筑平面图

综合办公楼网络工程的总体要求如下：

1）工程建设要求包括能传输数据、语音、图像视频信号的计算机网络系统和电话通信系统，计算机网络系统能够支持高速的数据传输。

2）实现内部信息资源共享，满足学校日常办公、教务管理、多媒体教学需要。

3）通过电信服务商能连接 Internet，具有安全保密以及基本的 Internet 服务功能。

4）能够根据实际需要扩充和升级网络。

2. 网络布线工程需求描述

网络工程中布线系统要求包括电话语音系统和数据网络系统。系统由工作区子系统、水平配线子系统、垂直干线子系统和管理间子系统、设备间子系统、进线间子系统组成。每层楼均设置管理间（1 楼 104、2 楼 203、3 楼 304、4 楼 403）；该栋楼的设备间和进线间都设置在 2 楼的 203 房间。布设线缆采取超 5 类与光缆混合布线，干线采用光缆满足 1000Mbit/s 传输速率，支线采用超 5 类非屏蔽双绞线电缆布设满足 100Mbit/s 传输速率。因旧楼网络改造，采用明装布设线路和线盒。根据建筑物具体情况和实际使用需求确定信息点（数据、语音）数量，以满足现在所需，并考虑将来扩展。每层楼所有信息点均连至本层楼管理间，经管理间设备，沿竖井线路汇聚本栋楼的设备间，再经过路由设备和交换机与电信光缆相连，接入 Internet 和电信电话网。

设备间和进线间都设置在 2 楼的 203 房间。布设线缆采取超 5 类与光缆混合布线，干线采用光缆满足 1000Mbit/s 的传输速率，支线采用超 5 类非屏蔽双绞线电缆布设满足 100Mbit/s 的传输速率。因旧楼网络改造，采用明装布设线路和线盒。根据建筑物具体情况和实际使用需求确定信息点（数据、语音）数量，以满足现在所需，并考虑将来扩展。每层楼所有信息点均连至本层楼管理间，经管理间设备，沿竖井线路汇聚本栋楼的设备间，再经过路由设备和程控交换机与电信光缆相连，接入 Internet 和电信电话网。

各个楼层房间及其对应用途、信息点数量需求说明表见表 2-1。

表 2-1　各个楼层房间及其对应用途、信息点数量需求说明对照表

房间号	房间用途	人员数量	数据信息点数量	语音信息点数量
101	车间	4	4	2
102	总务仓库	1	1	1
103	总务室	4	4	2
104	管理间（1 层）		2	2
105	都乐网办公室	6	6	4
106	计算机公司办公室	4	4	2
107	计算机公司财务室	2	4	2
108	计算机公司硬件部	6	8	2
201	图书室	2	2	2
202	电子办公室（二）	12	16	2
203	管理间（2 层）设备间	4	2	2
204	电子办公室（一）	30	36	2
205	招生办公室（一）	4	4	2
206	招生办公室（二）	2	2	2
301	计算机办公室	30	36	2
302	档案室	2	2	2
303	学校办公室	4	6	2
304	管理间（3 层）		2	2
305	教务办公室	4	4	2
306	校长办公室（一）	2	2	2
307	校长办公室（二）	2	2	2
308	校长办公室（三）	2	2	2
309	工会办公室	4	4	2
310	政教办公室	4	4	2
401	阅览室	6	6	2
402	财务室	4	6	2
403	管理间（4 层）		2	2
404	电子阅览室	30	36	2
405	会议室	4	4	2

2.1.2　任务分析

1. 项目施工流程分析

根据综合布线系统建设一般流程，按工程建设顺序可以对该项目分为“规划设计阶段”“施工建设阶段”和“测试验收阶段”3 个部分。

在前期的“规划设计阶段”，主要完成对项目有关信息及用户需求的获取、分析和整理，从中整合出用户的具体要求；根据用户具体要求进行相关规划和设计，得出综合布线系统图、施工平面图和预算表等相关设计文件；经过反复磋商，最后用户签字确认。

在中期“施工建设阶段”，主要根据前期做好的各种施工图样和预算对各个子系统进行综合布线施工。施工过程要严格按照相关国标、国家和行业标准进行，尽量避免因误操作而导致工程重新施工状况出现。

在后期“测试验收阶段”，主要根据相关国际、国家和行业标准，按照前期项目设计规定使用的各种标准，使用相关测试仪器进行综合布线系统整体测试验收。测试验收的内容包括永久链路测试、通道测试、网络设备性能测试。各条永久链路的测试，需得出合格的综合测试报告。对规划设计与施工效果的相符性进行核对检查并把相关报告提交用户保存。

2. 选择器件原则

根据以上需求，选用产品规格全、技术成熟、性能优越的综合布线系统。数据系统采用全 5e 类连接硬件产品，以保证信息传输达到 100Mbit/s，并支持数据传输、多媒体等宽带技术等；语音系统选用全 5e 类连接硬件产品，以保证语音信号通信。

信息插座：数据系统选用 5e 类信息模块，支持 100Mbit/s 高速数据传输；语音系统选用 5e 类信息模块，支持语音传输。

水平线缆：数据系统选用 4 对 5e 类非屏蔽双绞电缆支持高速数据传输；语音系统选用 4 对 5e 类非屏蔽双绞电缆，支持语音传输。

干线线缆：数据系统选用 6 芯室内多模光缆作为数据传输干线，连接大楼数据系统，支持高速传输；语音系统选用大对数电缆，作为语音系统干线，连接大楼语音系统，支持语音传输。

配线架：各楼层管理间和这栋楼设备间选用 24 口 5e 类数据配线架，管理数据系统和监控系统采用 25 对 110 配线架管理语音系统。

3. 综合布线各个子系统设计需求分析

（1）工作区子系统的设计

工作区子系统布线由信息插座至终端设备的连线组成，一般是指用户的各办公区域。在信息插座的选择方面，采用墙面安装方式，信息插座（语音、数据）选用 RJ45 插座。墙面安装插座盒底边距地 300mm，且采用 86 型塑料底盒明装墙面。工作区子系统电缆采用超 5 类非屏蔽双绞线。

（2）水平子系统的设计

水平子系统的作用是将干线子系统线缆延伸到用户工作区，该系统从各个子配线间出发到达每个工作区的信息插座。水平线缆（包括语音和数据系统线路）采用超 5 类 4 对非屏蔽双绞线。它既可以在 100m 范围内保证 100Mbit/s 的传输速率，又可以做到语音和数据线路的互换。过道和房间水平线缆沿墙边的塑料线槽敷设。

（3）垂直干线子系统的设计

垂直干线子系统的作用是把主配线架与各分配线架连接起来。干线系统语音线路采用 25 对 3 类大对数电缆（25 对非屏蔽双绞线），计算机数据线路采用 6 芯室内多模光缆。

垂直干线电缆（包括双绞线和光缆）沿竖井中架设的金属线槽接入大楼数据系统和语音系统。

（4）楼层管理间、整栋楼设备间的设计

管理间子系统由交连、互连配线架组成，其作用是为了连接其他子系统提供手段。交连、互连允许将通信线路定位或重新定位到建筑物的不同部分，以便更容易地管理通信线路，使要移动设备时能方便地进行跳接。

设备间子系统由设备间的电缆、连接器和相关支撑的硬件构成，并用于把各公共系统的不同设备分别互连起来。其中语音主配线架用于垂直干线电缆与程控交换机引入电缆相连，选用S110型机柜式配线架即可满足电话通信的要求。计算机信息传输用配线架选用24口或48口机柜配线架。设备间应保持温度在18～27℃，相对湿度保持在30%～50%RH，通风良好，温度适宜，配备消防设备。

（5）综合布线系统接地

配线间与设备间房内预留接地端子，接地线与建筑共用接地系统连成一体。

下面将从网络工程信息点统计、综合布线系统绘制、网络工程施工图的设计、端口对应表的编制、工程材料预算表的编制等，完成某职业技术学校图书馆综合楼综合布线工程的规划设计。

任务2　绘制系统项目布线系统图

2.2.1　任务描述

综合布线系统图是把综合布线系统中要连接的各个主要元素采取施工要求的方式连接起来，图中不仅要明确综合布线的几大子系统，还要明确线缆线路使用类型等。

通过本任务，掌握综合布线系统图的相关知识和制作方法。

2.2.2　任务实施

1. 对照任务要求，明确综合布线系统中出现的子系统

从本任务中分析得出，涉及综合布线子系统有工作区子系统、水平子系统、垂直子系统、管理间子系统和设备间子系统。

2. 从客户需求中确定线缆线路及接口模块类型

从客户需求中，可以总结使用的线缆情况如下：

1）4对5e类非屏蔽双绞线电缆（5e类非屏蔽双绞线同时支持数据和语音传输）。

2）6芯室内多模光缆（连接大楼数据系统，支持高速数据传输）。

3）100对3类大对数电缆（语音系统的干线，连接大楼语音系统）。

从客户需求中，可以总结使用接口模块情况和5e类信息模块（支持工作区数据接入和语音接入）。

3. 确定系统图中使用的各个图标的含义

在系统图中，主要由各个图标和必要的简短文字加以说明整个系统线路连接的具体含义。在设计系统图的过程中，要做到简明扼要同时又要细致，尽量做到充分反映整体构建状况。图中的每一个图标均各自代表不同的含义，所以明确每一个图标及其作用尤为重要。

在设计系统图过程中可以做表 2-2 所示的图标设定。

表 2-2　综合布线系统图使用的图标

图 标	表 示	图 标	表 示
BD	建筑物子系统		水平子系统线缆 5e非屏蔽双绞线
FD	管理间子系统		垂直子系统线缆 25对3类大对数线缆
D V	工作区子系统 其中： D 5e类信息模块，数据接口 V 5e类信息模块，语音接口		垂直子系统线缆 6芯室内多模光缆

4. 制作综合布线系统图

在完成上述步骤后，就可以将相关资料汇总，利用 Visio 软件绘制完整的综合布线系统图。

1）利用 Visio 新建绘图并取名“某职业技术学校综合楼网络布线系统图”。

2）在页面设置中设置好“页面尺寸”和“绘图缩放比例”。

3）利用虚线模拟表示各楼层，其中虚线模拟楼层有一个断裂口，表示楼层间竖井，所有垂直系统的线缆均由竖井进行楼层之间的连通，制作效果图如图 2-5 所示。

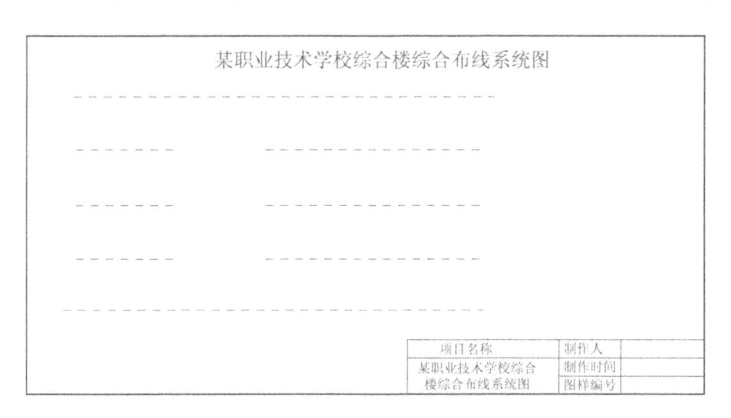

图2-5　系统图制作效果1

4）将 FD、BD 和工作区子系统图标按照各自的功能放入具体的位置中。

① FD 按照项目要求放置在各楼层的管理间。

② FD 按照项目要求放置在第 2 层。

③ 按照项目要求放置在各楼层工作区。需要把数据接口、语音接口以及各种接口的

数量表示清楚，制作效果图如图 2-6 所示。

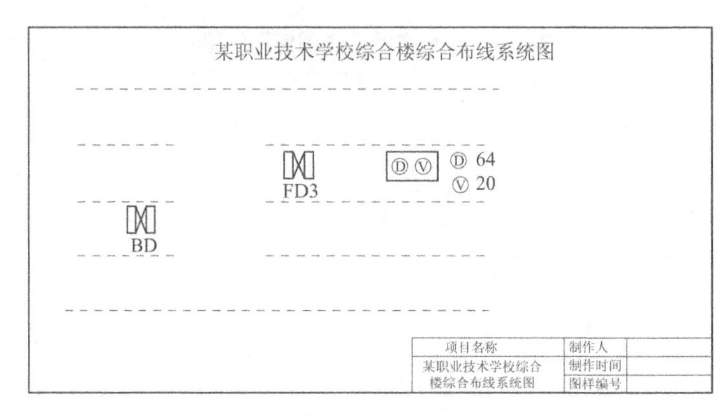

图2-6　系统图制作效果2

5）用虚线连接 BD、FD 和工作区子系统。

用————表示水平子系统线缆（5eUTP），连接 FD 和工作区子系统模块。每个工作区子系统中设有两条 5eUTP，分别连接数据模块和语音模块。

用-·-·-·-表示垂直子系统线缆（6 芯室内多模光缆），连接 FD 和 BD，提供数据连接。

用··········表示垂直子系统线缆（25 对 3 类大对数电缆），连接 FD 和 BD，提供语音连接。

用━━━━表示大楼外接光缆，连接 BD 与 BD 之外的网络。

制作效果图如图 2-7 所示。

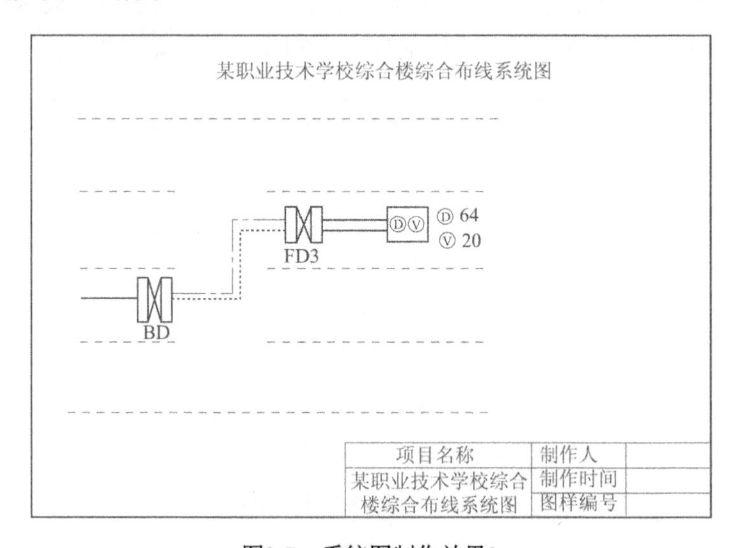

图2-7　系统图制作效果3

6）在系统图中，需利用文字说明各个部分所表达的子系统概念，所以要在模拟楼层顶部添加文字说明“建筑物子系统”“垂直子系统”“楼层管理间”“水平子系统”“工作区子系统”和“楼层说明”，制作效果图如 2-8 所示。

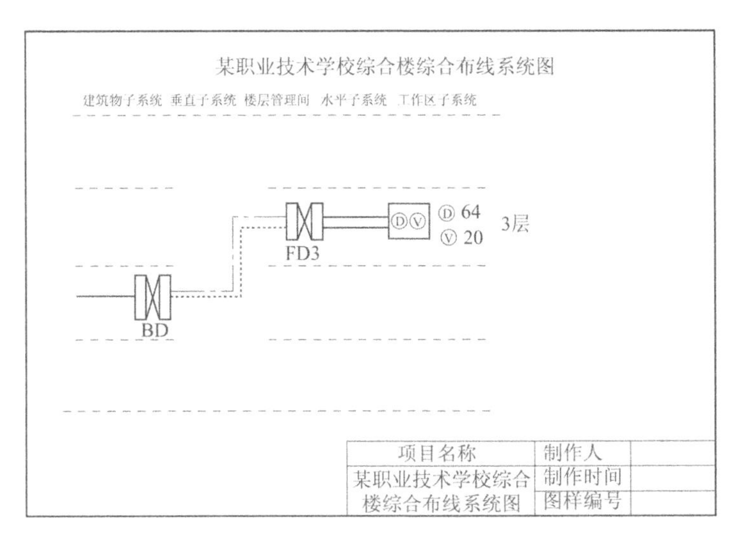

图2-8　系统图制作效果4

7）添加图例说明。系统图所包含的各个图标的含义是需要用图例进行说明的。具体是在系统图的下方，建立一个图例说明区。

制作效果图如 2-9 所示。

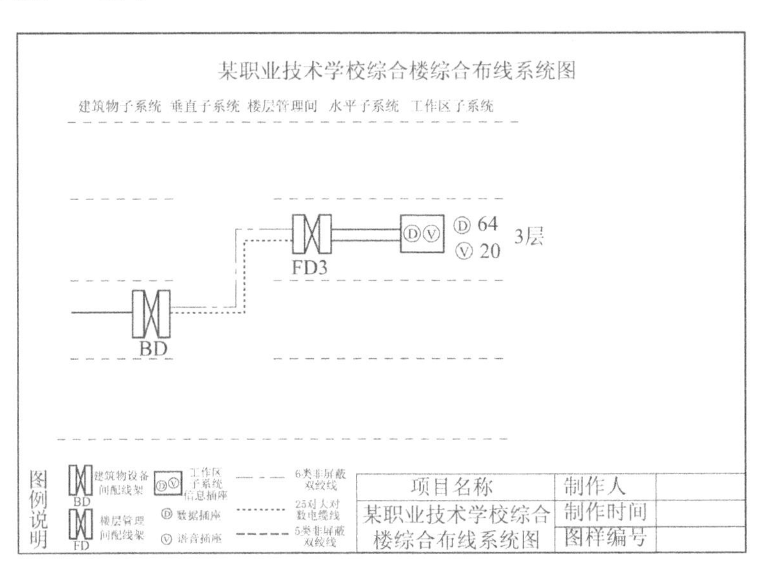

图2-9　系统图制作效果5

5.在系统图上标注说明信息

除了以上的图例说明外，简短的文字说明也是必不可少的，如系统的构建结构、线缆使用根数、数据接口的数量、语音接口的数量和总接口的数量等。

添加简短必要的文字说明，主要明确以下问题：

1）该综合布线系统在系统构建过程中采用何种网络拓扑结构。

2）信息点共有多少个，数据信息点和语音信息点各有多少个。

3）每个工作区子系统使用的连接方式说明。

4）垂直子系统的连接形式说明。

5）其他一些要说明的问题。

制作效果图如图 2-10 所示。

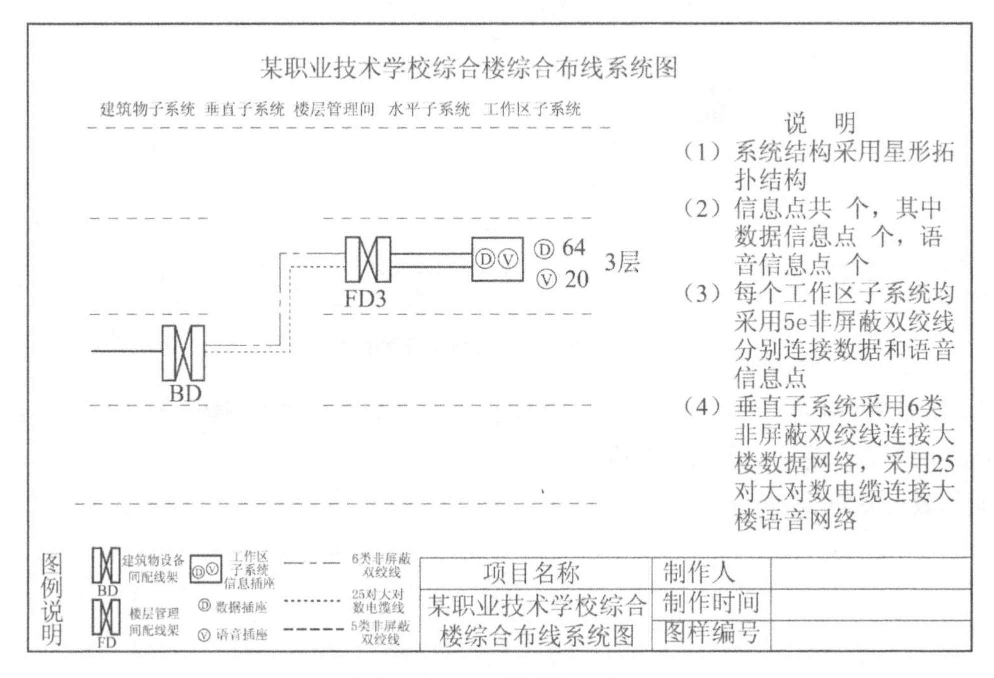

图2-10　系统图制作效果6

2.2.3　知识链接

1. 综合布线系统工程各子系统的划分

根据国家标准 GB 50311—2007《综合布线系统工程设计规范》规定，在综合布线系统工程设计中，按照下列 7 个部分进行：工作区子系统、配线子系统、干线子系统、设备间子系统、进线间子系统、管理间子系统和建筑群子系统。

在系统图设计中，只需简要地表示出整体项目的构建概念即可。

2. 竖井的作用

洞壁直立的井状管道，称为竖井。在综合布线系统中，垂直子系统都经由竖井进行线缆之间连接。

2.2.4　实训任务

按照上述要求完成整个“某职业技术学校综合楼综合布线系统图”。制作效果如图 2-11 所示。

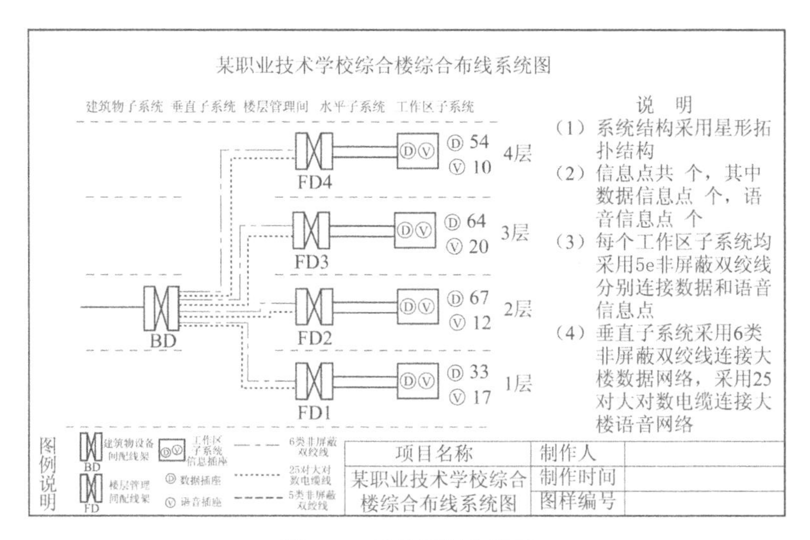

图2-11　系统图制作效果

任务 3　绘制系统项目施工平面图

2.3.1　任务描述

施工图是表示工程项目总体布局，建筑物的外部形状、内部布置、结构构造、内外装修、材料做法及设备、施工要求的图样。施工图具有图样齐全、表达准确、要求具体的特点，是进行工程施工、编制施工图预算和施工组织设计的依据，也是进行技术管理的重要技术文件。综合布线系统施工平面图是反映整个综合布线过程各个布线路由走向的一个直观表示。

通过本任务的完成，掌握综合布线系统工程施工平面图的相关知识和制作方法。

2.3.2　任务实施

1）利用 Visio 新建绘图并取名“某职业技术学校综合楼综合布线系统施工平面图”。在页面设置中设置好“页面尺寸”和“绘图缩放比例”。下面以某职业技术学校综合楼一层楼为例讲解施工平面图的绘制。

2）确定在综合布线系统施工平面图中表示数据接口和语音接口的图标。在 Visio 软件中使用“绘图工具”画出圆形图标“○”，双击“○”在文本内容中输入“D”，表示数据接口；制作效果为Ⓓ。按上面的方法制作内容为“V”的语音接口。制作效果为Ⓥ。

3）制作单间房间的综合布线系统平面图。在一层楼平面上截取 102 房间制作布线路由为例。

①对照项目描述，确定安装的信息点数量。根据项目描述 102 房间为总务仓库，按照需求分析要求安装一个数据接口和一个语音接口。确定数据和语音接口的安装位置并添加到 102 房间的平面图中。

②利用线条工具“线段”在 102 房间中绘制直线段与数据和语音图标连接，模拟水平布

线系统。

③对上述直线段进行标示，该接线连接水平布线子系统，包含两条链路，分别为一条连接数据接口Ⓓ，一条连接语音接口Ⓥ。还要标明这条直线代表两条非屏蔽双绞线（UTP）用 2UTP 加以表示，如图 2-12 所示。

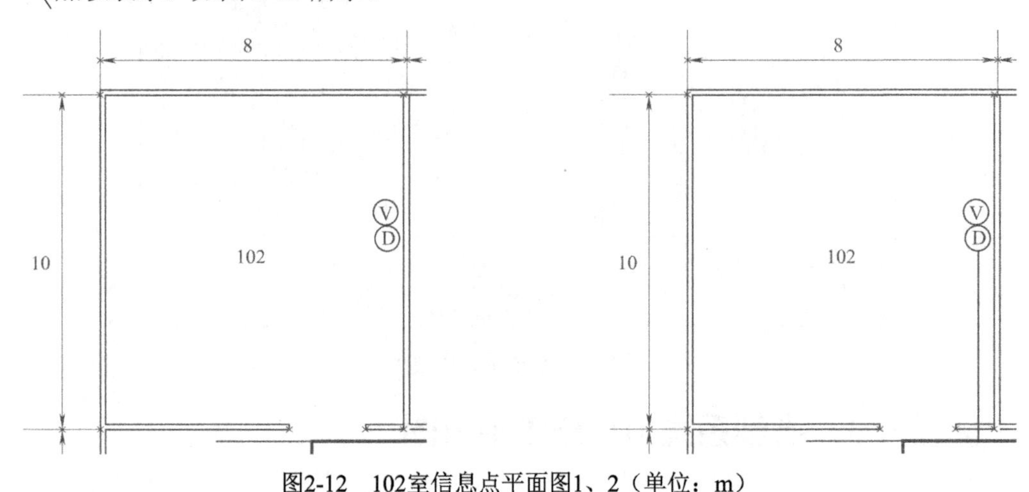

图2-12　102室信息点平面图1、2（单位：m）

④在信息点图标旁，加注信息点的编号，完成 102 房间布线平面图绘制，如图 2-13 所示。

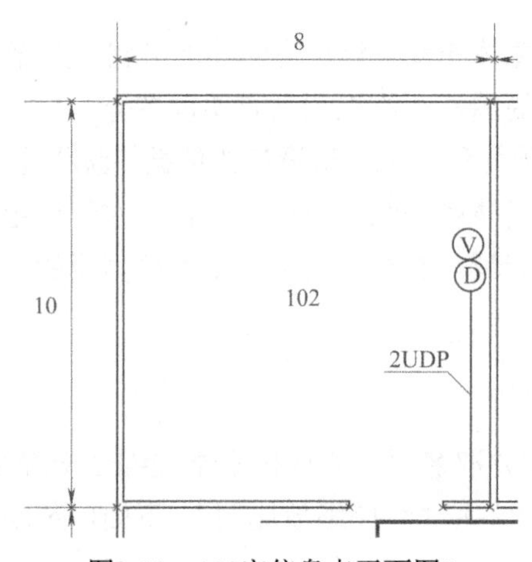

图2-13　102室信息点平面图3

4）完成其他房间的综合布线系统施工图

如上所述，重复上述方法，对 101～108 房间按照项目描述要求画出它们的布线路由，在走道中用粗线段表示走道布线路由，一端与管理间的机柜相连，同时与各房间的线路路由相连，表示各房间的线缆汇聚并连接到楼层的管理间机柜配线架，从而形成综合布线系统施工图。制作效果如图 2-14 所示。

5）标注房间内信息点的数据接口和语音接口，标志接口编号。

所有信息点（包括数据接口和语音接口）都必须编号，编号的作用是方便日后进行各种查询、检修等维护操作。

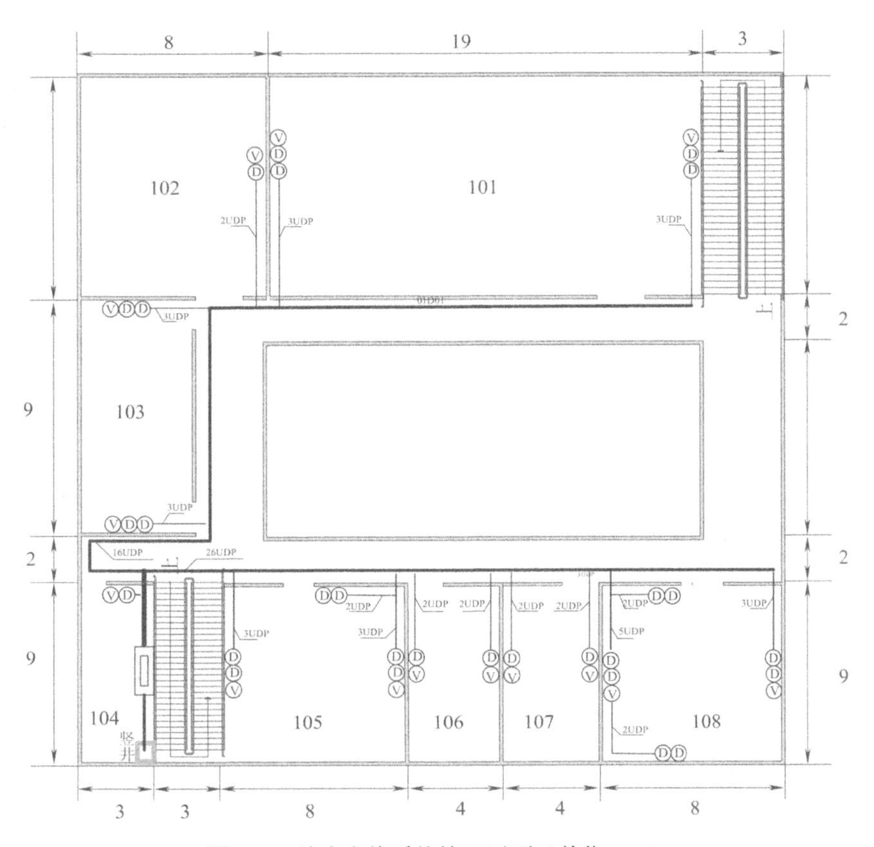

图2-14　综合布线系统施工平面（单位：m）

楼层所有信息点的编号依据“端口标签位置对照表”编排。信息点的编号方法必须做到直观明了而同时又方便记忆，一般可以用以下字符表示：XYN。其中：

X 代表房间编号；

Y 代表该信息点为数据接口还是语音接口（若为数据接口，命名为 D；若为语音接口，命名为 V）；

N 代表该房间信息点的序列号。

例如：102 房间的数据接口编号为 02D01，语音接口编号为 02V01。

下面对 102 房间信息点进行编号，制作效果如图 2-15 所示。

6）完成楼层内各房间内信息点的数据接口和语音接口编号标注。

按上述说明及命名规则，完成对 101～108 房间的各个信息点接口的命名与标注。

制作效果如图 2-16 所示。

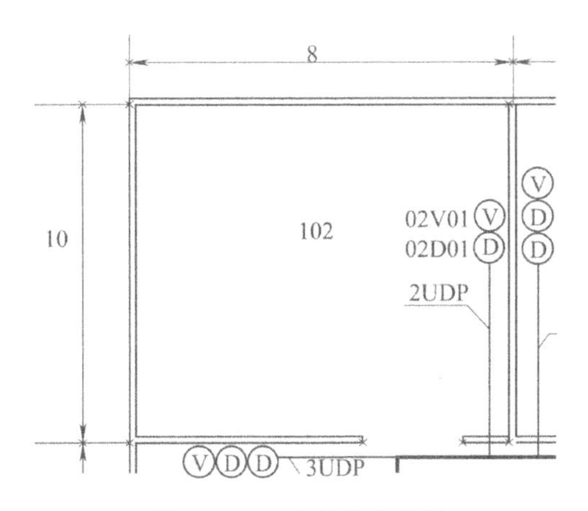

图2-15　102室信息点编号平面图（单位：m）

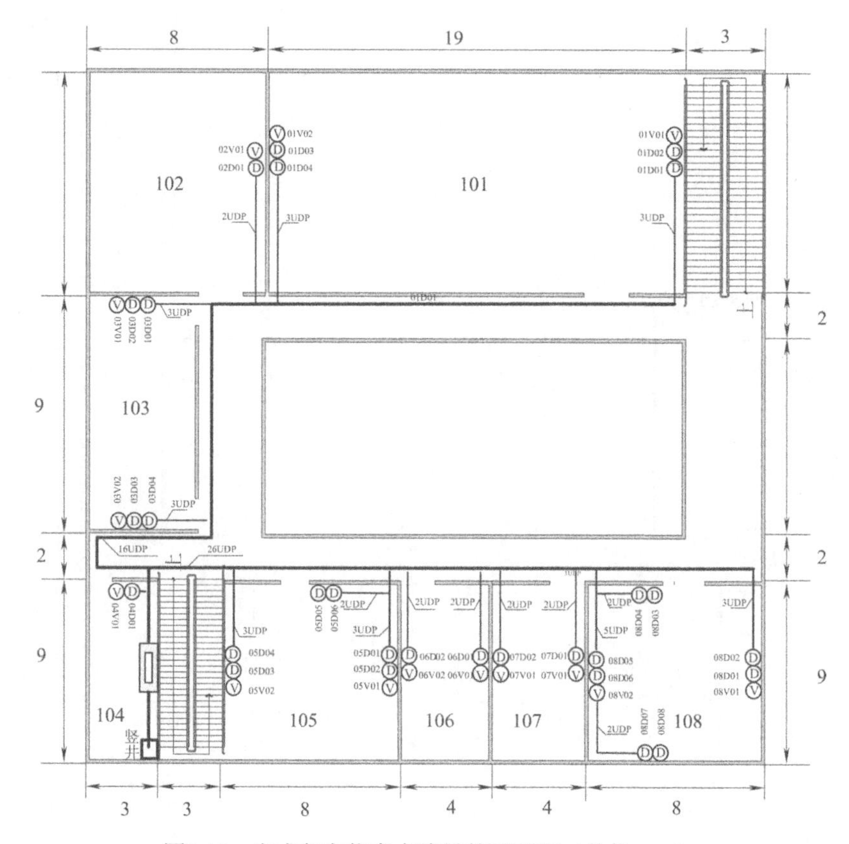

图2-16 完成各室信息点编号的平面图（单位：m）

7）添加必要的图例和文字说明。为使施工者在参考该施工图进行施工对各图标的理解一致，有必要对施工图进行图例说明和简要文字说明。

①图例说明内容：有“数据接口”“语音接口”“网络机柜”“线缆数量说明”等图例。

②文字说明内容：各信息点（数据和语音）接口数量、水平子系统数据和语音布设线缆要求、垂直子系统数据和语音主干布设线缆要求、信息点编号方法说明、信息点安装要求和本层楼管理间设置位置。

制作效果如图 2-17 所示。

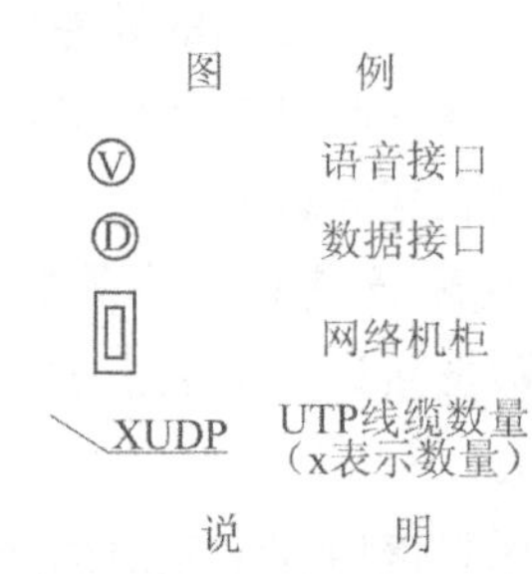

图2-17 图例及说明

8）添加项目名称、制作人、制作时间和平面图设计版本号信息。

完成上述步骤后，平面图已经基本完成，但该设计可能会因为经过讨论或发生其他情况而改变，每一次改变应做相应修改，同时在保留原有设计底稿的情况下要与其有所区别，所以应在设计最后阶段，加入项目名称、制作人、制作时间和图样版本等说明信息，以便日后查询及对比等。

制作效果如图 2-18 所示。

项 目 名 称	制作人	
某职业技术学校综合楼（1层） 综合布线平面施工图	制作时间	
	图样编号	

图2-18　制作信息说明

至此，综合布线系统施工平面图就完成，最终制作效果如图 2-19 所示。

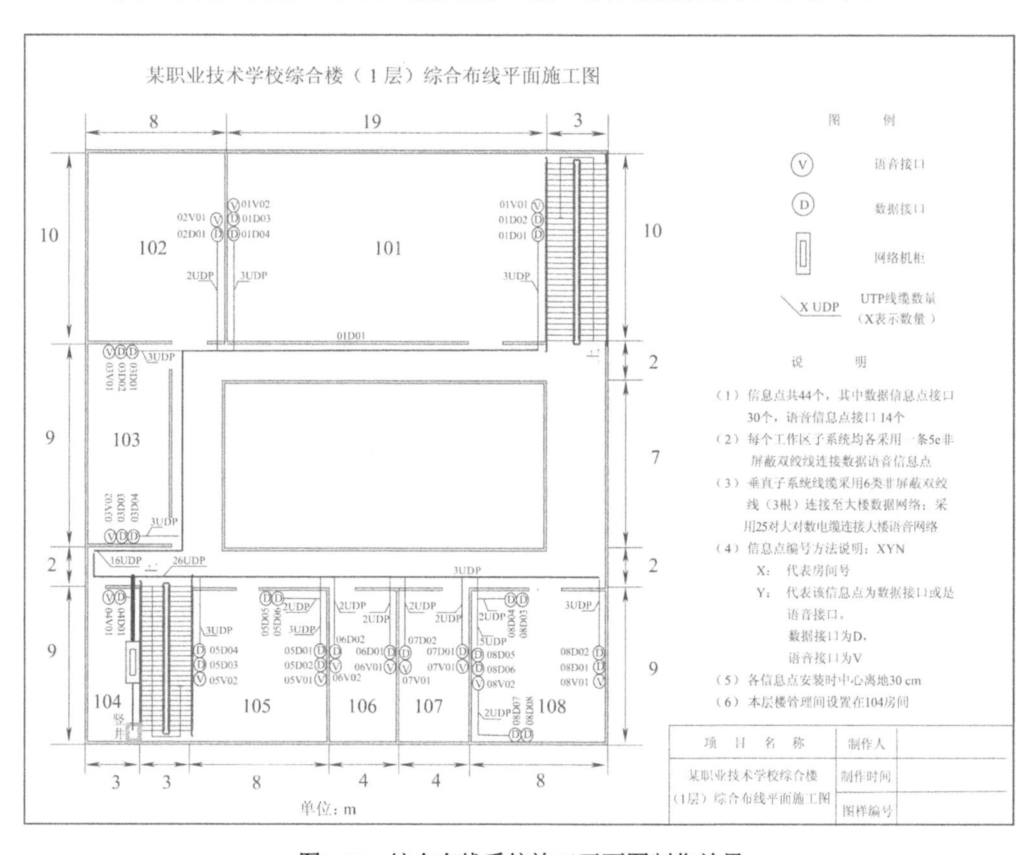

图2-19　综合布线系统施工平面图制作效果

2.3.3　知识链接

布线标签标志系统的实施是为了给用户今后的维护和管理带来最大的便利，提高其管理水平和工作效率，减少网络配置时间。所有需要标志的设施都要有标签，每一电缆、光缆、配线设备、端接点、接地装置、敷设管线等组成部分均应给定唯一的标识符。标识符应采用相同数量的字母和数字等标明，按照一定的模式和规则来进行。建议按照“永久标志”的概念选择材料，标签的寿命应能与布线系统的设计寿命相对应。所有标签应保持清晰、完整，并满足环境的要求。标签应打印，不允许手工填写，应清晰可见、易读取。特别强调的是，标签应能够经受环境的考验，比如潮湿、高温、紫外线，应该具有与所标志的设施相同或更长的使用寿命。聚酯、乙烯基或聚烯烃等材料通常是最佳的选择。要对所有的管理设施建立文档。文档应采用计算机进行文档记录与保存，简单且规模较小的布线工程可按图样资料等纸质文档进行管理，并做到记录准确、更新及时、便于查阅。图 2-20 所示为综合布线工程中的使用标志图例。

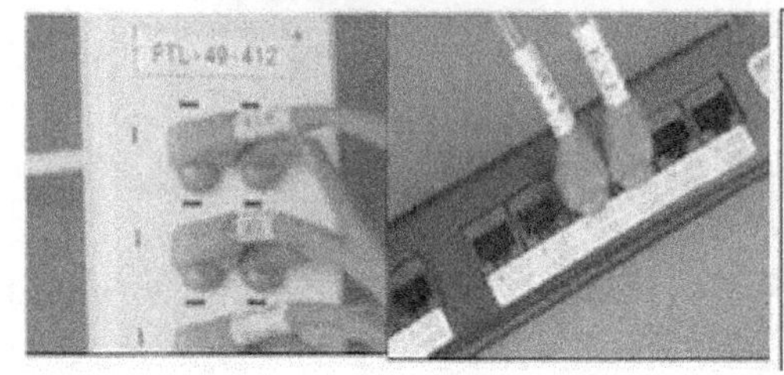

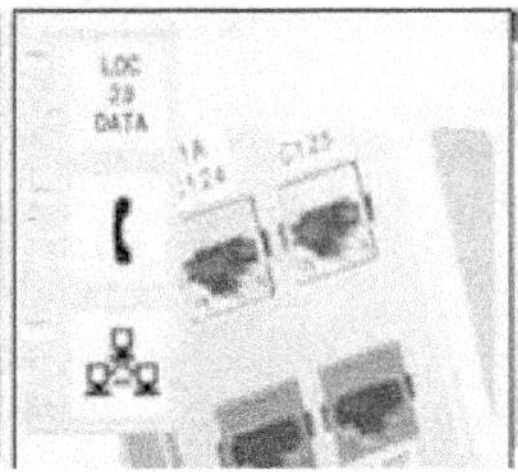

图2-20　综合布线中的标志图例

2.3.4　实训任务

按照上述方法完成 2～4 层楼综合布线系统施工平面图的绘制。

任务 4　编制系统项目信息点点数统计表

2.4.1　任务描述

工作区信息点点数统计表是设计和统计信息点数量的基本工具和手段。点数统计表能够准确、清楚地表示和统计建筑物的信息点数量。

首先确定每个房间或者区域的信息点位置和数量，然后制作和填写点数统计表。点数统计表的做法是先按楼层，然后按照房间或者区域逐层逐房间地规划和设计网络数据、语音信息点数，再把每个房间规划的信息点数量填写到点数统计表的对应位置。每层填写完毕，就能统计出逐层的信息点数，全部楼层填写完毕，就能统计出该建筑物的信息点数。

通过本任务的学习，掌握综合布线系统信息点点数统计表的相关知识和制作方法。

2.4.2 任务实施

1. 掌握项目信息点点数统计表格式及制作方法

利用 Microsoft Excel 软件进行制作，一般常用的表格格式为房间按照行表示，楼层按照列表示。第一行为设计项目名称；第二行为房间或区域名称；第三行为房间号；第四行为数据或语音类别；其余各行分别按实际情况填写每个房间的数据或语音点数量。为了直观和方便统计，一般每个房间会用两列表示，其中一列表示数据，另外一列表示语音。最后几列可分别统计数据点数合计、语音点数合计和信息点数合计。在点数统计过程中，房间编号按从小到大的顺序依次从左往右排列填写。设计项目名称为“某职业技术学校综合楼综合布线工程信息点统计表”，如图 2-21 所示。

某职业技术学校综合楼综合布线工程信息点点数统计表																							
楼层编号	房间编号																				数据点数合计	语音点数合计	信息点数合计
	1		2		3		4		5		6		7		8		9		10				
	数据	语音	数据	语音	数据	语音	数据	语音	数据	语音	数据	语音	数据	语音	数据	语音	数据	语音	数据	语音			
1层																							
2层																							
3层																							
4层																							
合计																							

图2-21　制作表格格式、表名、表头

2. 在信息点点数统计表中录入对应信息点点数信息

根据项目的描述分析，可按照各个房间所要求的信息点数量统计填入对应表中，如图 2-22 所示。

楼层编号	房间编号																			
	1		2		3		4		5		6		7		8		9		10	
	数据	语音	数据	语音	数据	语音	数据	语音	数据	语音	数据	语音	数据	语音	数据	语音	数据	语音	数据	语音
1层	4	2	1	1	4	2	2	2	6	4	4	2	4	2	8	2				
2层	2	2	16	2	2	2	36	2	4	2	2	2								
3层	36	2	2	2	6	2	2	2	4	2	2	2	2	2	2	2	4	2	4	2
4层	6	2	6	2	2	2	36	2	4	2										

图2-22　输入各房间数据与语音信息点数目

3. 信息点点数统计

利用 Microsoft Excel 软件中的统计函数分别统计“数据点数合计”和“语音点数合计”。也可以同时统计各楼层对应房间数据点和语音点的合计。结果如图 2-23 所示。

数据点数合计	语音点数合计	信息点数合计
33	17	50
62	12	74
64	20	84
54	10	64
213	59	272

图2-23　计算各点数合计

4. 添加必要的设计信息说明

在设计的最后阶段，要在统计表的下方添加项目名称、制表人、制表时间、图标版本等设计说明信息，结果如图 2-24 所示。

项　目　名　称	制表人	
某职业技术学校综合楼综合布线工程信息点点数统计表	制表时间	
	图表编号	

图2-24　制作信息效果

2.4.3　知识链接

随着智能化建筑的逐步发展和普及，使整个建筑物的功能更加多样和全面。建筑物的功能类型较多，大体上可以分为商业、文化、媒体、体育、医院、学校、交通、住宅、通用工业等类型，因此，对工作区面积的划分应根据应用的场合做具体的分析后确定。一般建筑物设计时，综合布线工作区面积需求可参照表 2-3 所示的标准进行配置。

表 2-3　综合布线系统工作区面积划分表（摘自 GB 50311—2007）

建筑物类型及功能	工作区面积/m^2
网管中心、呼叫中心、信息中心等终端设备较为密集的场地	3～5
办公区	5～10
会议、会展	10～60
商场、生产机房、娱乐场所	20～60
体育场馆、候机室、公共设施区	20～100
工业生产区	60～200

建筑物用户性质不同，功能要求和实际需求也不同，信息点数量不能仅按办公楼的模式确定，尤其是对于专用建筑（如电信、金融、体育场馆、博物馆等建筑）以及计算机网络存在内、外网等多个网络时，更应加强需求分析，作出合理的配置。

每个工作区信息点数量可按用户的性质、网络构成和需求来确定。在综合网络布线系统工程实际应用和设计中，一般按照表 2-4 所述的面积或者区域配置来确定信息点数量。

表 2-4　工作区类型及信息点数量配置参照表

建筑物功能区	信息点数量（每一工作区）			备注
	电话	数据	光纤（双工端口）	
办公区（一般）	1 个	1 个		
办公区（重要）	1 个	2 个	1 个	对数据信息有较大的需求
出租或大客户区域	2 个或 2 个以上	2 个或 2 个以上	1 或 1 个以上	指整个区域的配置量
办公区（业务工程）	2～5 个	2～5 个	1 或 1 个以上	涉及内、外网络时

注：大客户区域也可以为公共实施的场地，如商场、会议中心、会展中心等。

2.4.4　实训任务

按照上述方法完成“某职业技术学校综合楼信息点点数统计表”的制作。

制作效果图如图 2-25 所示。

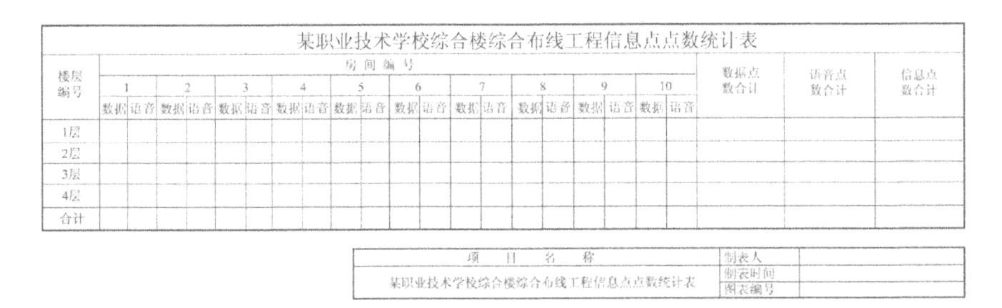

某职业技术学校综合楼综合布线工程信息点点数统计表

楼层编号	房间编号																				数据点数合计	语音点数合计	信息点数合计
	1		2		3		4		5		6		7		8		9		10				
	数据	语音	数据	语音	数据	语音	数据	语音	数据	语音	数据	语音	数据	语音	数据	语音	数据	语音	数据	语音			
1层																							
2层																							
3层																							
4层																							
合计																							

项　目　名　称	制表人	
某职业技术学校综合楼综合布线工程信息点点数统计表	制表时间	
	图表编号	

图2-25　职业技术学校综合楼信息点点数统计表

任务 5　编制系统项目端口对照表

2.5.1　任务描述

综合布线系统端口对照表是一张记录端口编号信息与其所在位置的对应关系的二维表。它是网络管理人员在日常维护和检查综合布线系统端口过程中快速查找和定位端口的依据。综合布线系统端口对照表可以分为机柜配线架端口标签编号对照表和端口标签号位置对照表，前者表示机柜配线架各个端口和信息点编号的对应关系，后者表示信息点编号和物理位置的关系。

通过本任务，掌握综合布线系统端口对照表编制的思路和过程。

2.5.2　任务实施

1. 制作机柜配线架端口标签编号对照表

（1）制作表名、制作表头

新建 Excel 表，输入表名“管理间（1 层）机柜配线架端口标签编号对照表”。表头输入“端口编号”，如图 2-26 所示。

管理间（ 1层 ）机柜配线架端口标签编号对照表																		
数据配线架1#																		
端口编号	1	2	3	4	5	6	7	8	9	10	11	12	13	14	15	16	17	18

图2-26　配线架端口标签表表头制作效果

（2）制作各配线架表格内容

按机柜内配线架数量制作 3 个表格区域，按语音区域配线架在下、数据区域配线架在上，各个区域内的配线架编号从下往上依次增加的原则为各个表格区域命名。

（3）为各个信息点标签编号

信息点的编号方法有所要求，必须做到直观明了又方便记忆。一般可以用以下字符表示：XYN。其中 X 代表房间编号；Y 代表该信息点为数据接口还是语音接口（若为数据接口，命名为 D；若为语音接口，命名为 V）；N 代表该房间信息点的序列号。例如：102 房间的数据接口编号为 02D01，语音接口编号为 02V01。

依次完成各个房间的信息点编号，分别填入对应配线架的端口标签中，如图 2-27 所示。

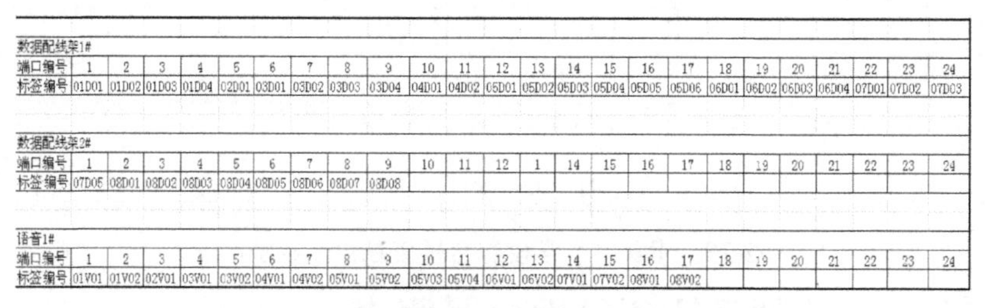

数据配线架1#																								
端口编号	1	2	3	4	5	6	7	8	9	10	11	12	13	14	15	16	17	18	19	20	21	22	23	24
标签编号	01D01	01D02	01D03	01D04	02D01	03D01	03D02	03D03	03D04	04D01	04D02	05D01	05D02	05D03	05D04	05D05	05D06	06D01	06D02	06D03	06D04	07D01	07D02	07D03
数据配线架2#																								
端口编号	1	2	3	4	5	6	7	8	9	10	11	12	1	14	15	16	17	18	19	20	21	22	23	24
标签编号	07D05	08D01	08D02	08D03	08D04	08D05	08D06	08D07	08D08															
语音1#																								
端口编号	1	2	3	4	5	6	7	8	9	10	11	12	13	14	15	16	17	18	19	20	21	22	23	24
标签编号	01V01	01V02	02V01	03V01	03V02	04V01	04V02	05V01	05V02	05V03	05V04	06V01	06V02	07V01	07V02	08V01	08V02							

图2-27　制作各配线架表格内容后效果

（4）制作制表人及其他相关信息

输入制表人及其他相关信息，并设置好相关表格边框，如图 2-28 所示。

项　目　名　称	制表人	
管理间（1层）机柜配线架端口标签编号对照	制表时间	
	图表版本号	

图2-28　制作信息表效果

2. 制作端口标签号位置对照表

（1）制作表名、制作表头

新建 Excel 表，输入表名“端口标签号对照表（1 层）”。表头中输入“标签编号”“编号位置”，制作效果如图 2-29 所示。

（2）输入标签编号

按照“制作机柜配线架端口标签编号对照表”中（3）的方法依次完成各个房间的信息点编号，分别填入对应房间中，如图 2-30 所示。

端口标签号对照表　（ 1 层 ）					
标签编号	编号位置（房间）	标签编号	编号位置(房间)	标签编号	编号位置（房间）

图2-29　端口对照表的表头制作效果

标签编号	编号位置（房间）	标签编号	编号位置(房间)	标签编号	编号位置（房间）
01D01	101	06D01	106	01V01	101
01D02		06D02		01V02	
01D03		06D03		02V01	102
01D04		06D04		03V01	103
02D01	102	07D01	107	03V02	
03D01	103	07D02		04V01	104
03D02		07D03		04V02	
03D03		07D04		05V01	105
03D04		08D01	108	05V02	
04D01	104	08D02		05V03	
04D02		08D03		05V04	
05D01	105	08D04		06V01	106
05D02		08D05		06V02	
05D03		08D06		07V01	107
05D04		08D07		07V02	
05D05		08D08		08V01	108
05D06				08V02	

图2-30　端口对照表制作效果

（3）填写编号位置

按各个标签所属具体位置填写“编号位置”内容，如 02D01 标签号位置在 102 房间，所以在其对应的“编号位置”单元格中填入“102”，以此类推。同时，可以将编号位置相同的单元格合并起来，如图 2-30 所示。

（4）制作制表人及其他相关信息

输入制表人及其他相关信息，并设置好相关表格边框。

至此，完成综合楼（1 层）端口对照表，制作效果图如图 2-31、图 2-32 所示。

端口标签号对照表　（ 1 层 ）					
标签编号	编号位置（房间）	标签编号	编号位置(房间)	标签编号	编号位置（房间）
01D01	101	06D01	106	01V01	101
01D02		06D02		01V02	
01D03		06D03		02V01	102
01D04		06D04		03V01	103
02D01	102	07D01	107	03V02	
03D01	103	07D02		04V01	104
03D02		07D03		04V02	
03D03		07D04		05V01	105
03D04		08D01	108	05V02	
04D01	104	08D02		05V03	
04D02		08D03		05V04	
05D01	105	08D04		06V01	106
05D02		08D05		06V02	
05D03		08D06		07V01	107
05D04		08D07		07V02	
05D05		08D08		08V01	108
05D06				08V02	

项　目　名　称	制表人	
端口标签号位置对照表　（ 1 层 ）	制表时间	
	图表版本	

图2-31　端口标签号位置对照表制作效果

管理间（ 1 层 ）机柜配线架端口标签编号对照表

数据配线架1#																								
端口编号	1	2	3	4	5	6	7	8	9	10	11	12	13	14	15	16	17	18	19	20	21	22	23	24
标签编号	01D01	01D02	01D03	01D04	02D01	03D01	03D02	03D03	03D04	04D01	04D02	05D01	05D02	05D03	05D04	05D05	05D06	06D01	06D02	06D03	06D04	07D01	07D02	07D03
数据配线架2#																								
端口编号	1	2	3	4	5	6	7	8	9	10	11	12	1	14	15	16	17	18	19	20	21	22	23	24
标签编号	07D05	08D01	08D02	08D03	08D04	08D05	08D06	08D07	08D08															
语音1#																								
端口编号	1	2	3	4	5	6	7	8	9	10	11	12	13	14	15	16	17	18	19	20	21	22	23	24
标签编号	01V01	01V02	02V01	03V01	03V02	04V01	04V02	05V01	05V02	05V03	05V04	06V01	06V02	07V01	07V02	08V01	08V02							

项 目 名 称	制表人	
管理间（ 1 层 ）机柜配线架端口标签编号对照	制表时间	
	图表版本号	

图2-32　机柜配线架端口标签编号对照表制作效果

2.5.3　知识链接

在进行配线架线缆端接时，按照从下往上、从左到右的顺序端接数据和语音两部分线缆，同时，在语音区域线缆端接时，即使最后一个配线架上的端口数仍未用完，也要重新开启一个新配线架进行另外的数据线缆。这样做的目的是将数据和语音区域明显区分，同时留有空余接口为日后可能的扩容操作做好准备。

2.5.4 实训任务

按照上述方法完成 2～4 层综合布线系统端口对照表的制作。

任务 6　绘制系统项目机柜安装大样图

2.6.1　任务描述

综合布线机柜安装大样图是安装在机柜内的设备的立体安装表示形式，它能在设计阶段反映出各种购置的设备在机柜中的安装情况。安装人员可以根据设计人员的设计对设备及机柜进行安装。机柜安装大样图是设备在机柜内安装时的参考和依据。

通过本任务将学习和掌握综合布线系统机柜安装大样图绘制的思路和过程。

2.6.2　任务实施

1. 建立 Visio 文件

打开 Microsoft Visio 2007 软件，选择“网络”→“机架图”。

2. 添加机柜，设定机柜大小

在“新装”工具栏中的“机架式安装设备”中选择“机柜”，拖放到 Visio 工作页面内，将机柜高度属性设置为“24U”，如图 2-33 所示。

3. 添加理线环

因为在 Visio 内建的形状模板库内没有理线环的图标，所以可以利用“架”做代替，如图 2-34 所示。

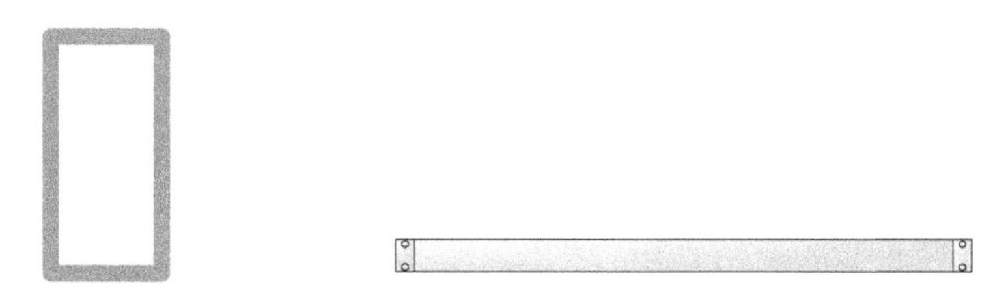

图2-33　拖放机柜　　　　图2-34　理线环效果

4. 制作 50 对 110 语音配线架

因为在 Visio 内建的形状模板库内没有 110 语音配线架的图标，需要自行绘制，方法如下：

1）利用 Visio 内建的形状模板库中的“架”，并将其拖放至工作页面中。

2）自行绘制图形模拟 110 语音接口，如图 2-35 所示。

图2-35 绘制模拟110接口效果

3）重复步骤 2)，共制作 4 个，模拟 50 对大对数电缆的接口，将其和“架”叠加在一起组成图形（见图 2-36)，表示 50 对 110 语音配线架。

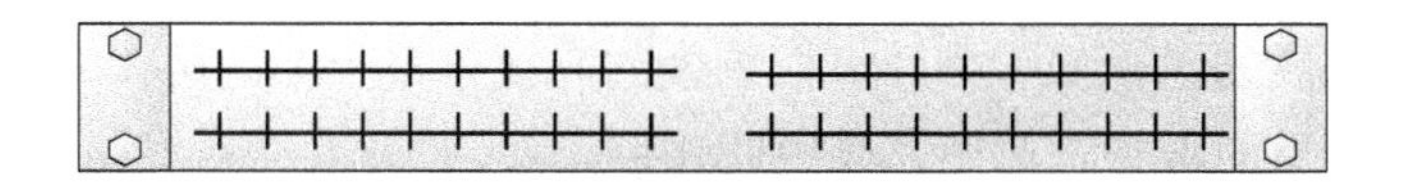

图2-36　50对110语音配线架

5. 制作添加 24 口配线架

因为在 Visio 内建的形状模板库内没有 24 口配线架的图标，所以利用“架”进行代替，方法如下：

1）利用 Visio 内建的形状模板库中的“架”，并将其拖放至工作页面中。

2）利用绘图工具绘制出如图 2-37 所示的几个图形，将上述单独图形组合起来作为配线架的一个 RJ45 口。组合成 RJ45 口的图标如图 2-38 所示。

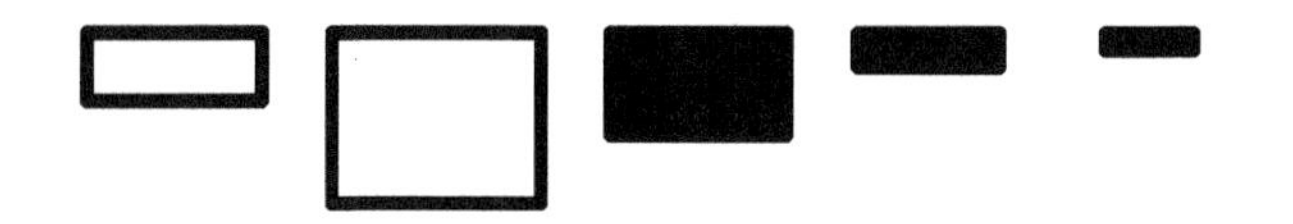

图2-37　组成RJ45口的几个图形

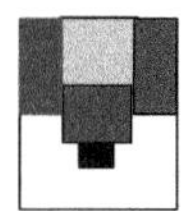

图2-38　组合成RJ45口图标

3）制作 6 接口模块组，如图 2-39 所示。

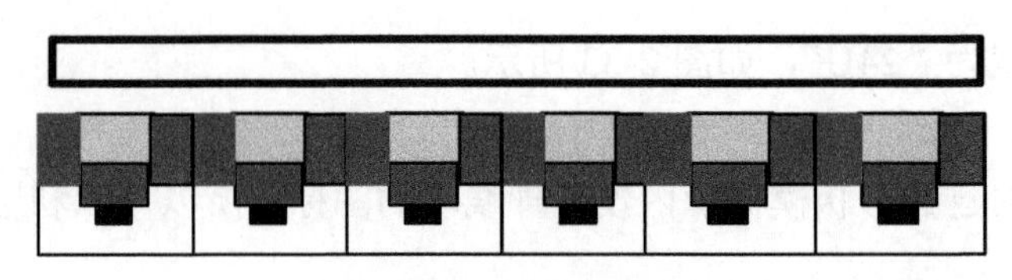

图2-39　6接口模块

4）将 6 接口模块组和“架”组合成一个 24 口 RJ45 配线架，如图 2-40 所示。

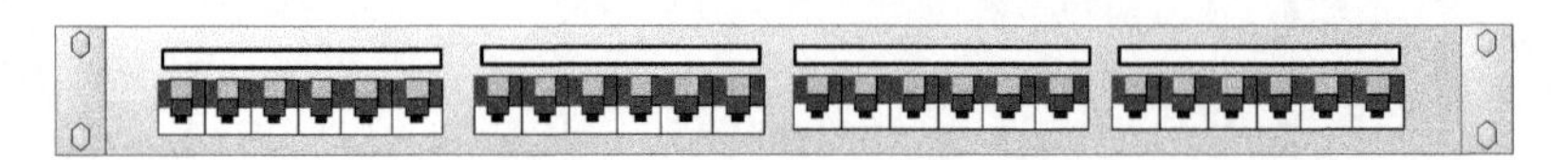

图2-40　24口配线架制作效果图

6. 组建配线区域

1）构建理线环和配线架组合，组建语音配线区域。从机柜由下往上第 5U 开始依次放置理线环、110 语音配线架、理线环、24 口配线架，共占 4U。

2）构建理线环和配线架组合，组建数据配线区域。从机柜由下往上第 9U 开始依次放置理线环、24 口配线架、理线环、24 口配线架，共占 4U。

3）构建理线环和交换机组合，组建设备放置区。从机柜由下往上第 15U 开始依次放置理线环、交换机 1、理线环、交换机 2，共占 4U。

7. 命名与编号

1）为各配线架、理线架、设备进行命名及编号。

2）为各配线架、理线架、设备进行命名及编号，理线环不参与命名及编号。

8. 添加说明

1）添加区域高度及冗余备份空间高度说明。对于各个区域需添加必要的文字说明，说明该区域总体需要高度为多少 U，另外机柜剩余的高度有多少 U，可作为冗余备份空间高度有多少 U。这些为日后的维护、扩充起到说明作用。

2）添加图例及文字说明。对图中使用的图标的表示需要进行说明，如图 2-41 所示。

图2-41　图例说明

3）添加设计制作人、制作时间及版本信息。利用 Visio 自带的 Excel 功能可以简单地制作一个制作信息表，如图 2-42 所示。

项　目　名　称	制作人	
某职业技术学校综合楼（1层）管进间机柜安装大样图	制作时间	
	图样编号	

图2-42　信息说明

至此，综合楼一层管理间机柜安装大样图就完成了，如图 2-43 所示。

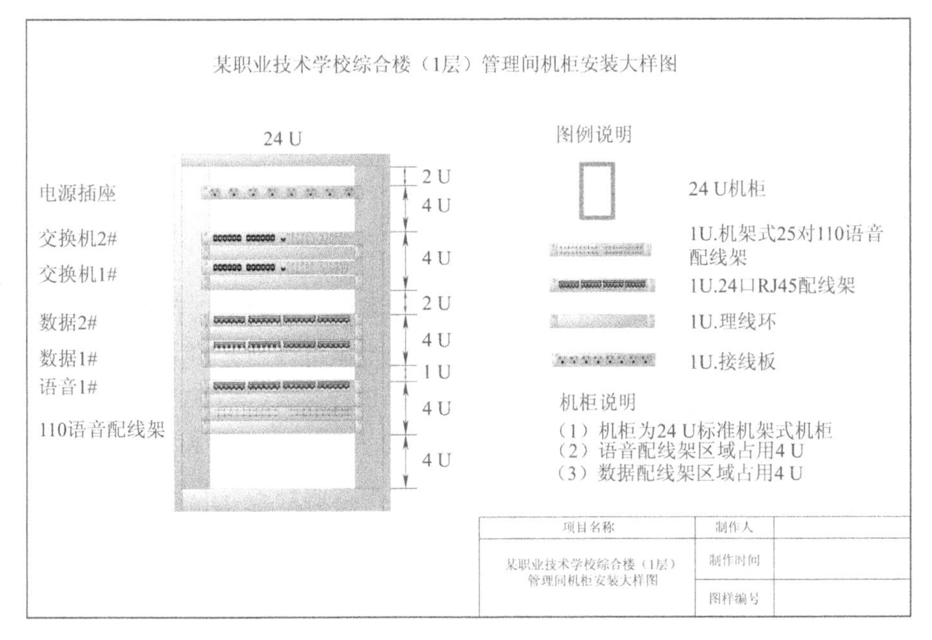

图2-43　综合布线系统机柜安装大样图

2.6.3　知识链接

在制作机柜大样图的过程中需注意以下问题：

1）要注意安装在机柜内的各种设备所占空间的大小，注意它们的比例。

2）各种设备的安装次序不是千篇一律的，主要的原则如下。

①要归类各种安装设备，以便日后的查找与维护。

②各类设备之间要留有安装的余地，一是为了散热需要，二是为日后添加设备留出适当空间。

3）体积大和重量较重的设备可设计安装在机柜的较低位置，以保持整个机柜的重心及保护设备的安全。

2.6.4 实训任务

按照上述方法完成 2～4 层综合布线系统管理间和中心机房机柜设备安装大样图。

任务 7　制作系统项目材料预算表

2.7.1　任务描述

综合布线系统工程的概预算是对工程造价进行控制的主要依据，它包括设计概算和施工图预算。设计预算是设计文件的重要组成部分，应严格按照批准的可行性报告和其他文件进行编制。施工图预算也是设计文件的重要组成部分，应该在批准的初步设计概算范围内进行编制。

通过本任务的学习，应掌握综合布线系统项目材料预算表的制作思路和过程。

2.7.2　任务实施

1. 确定预算表表头内容

预算表中应给出完成整个项目需要用到的材料预算值。在设立该表时一要考虑表中内容能充分说明完成工程需要的材料及其数量，二要充分反映每种材料的大致用途，三要能明确地给出各种材料预算值和最终总预算值，以便用户衡量及评定该预算是否合适。

在设定预算表的表头内容时，一般会包含序号（方便用户定位和查找具体材料内容）、材料名称（说明需要用到的材料名称）、材料规格/型号（同种名称的材料有不同的规格，工程中用到哪个规格/型号材料，需在此列举说明）、单价（说明该材料的单一采购价格，方便在后面预算各种材料小计）、数量（说明该材料需要购进的数量）、单位（说明各种材料的单一采购单位，如“套”“件”“斤”等，不同单位值包含的内容不一样，所以应该明确说明）、小计（说明在预算中采购该材料共需花费的数值）、用途简述（说明该材料在整个工程中应该用在哪个地方，预算表中往往有很多的材料项目，单靠人力是很难完全记住各种材料应该用在什么地方的，所以应该在适当的地方对一些或全部材料说明它应该用在什么地方，这样做也方便了后面的施工及各个步骤的操作）。

图 2-44 所示是一张常用的预算表表头项目。

某职业技术学校综合楼（1 层）综合布线系统材料预算表							
序号	材料名称	材料规格/型号	单价 / 元	数量	单位	小计/元	用途简述

图2-44　预算表表头制作效果

2. 阅读项目文字说明及平面施工图，获得预算表各项

从项目说明文字和施工平面图中，能统计完成该项目需要用到的材料包括以下内容：双口信息插座（含模块）、单口信息插座（含模块）、插座底盒、超 5 类非屏蔽双绞线、PVC 线槽、配线架、理线环、网络机柜、水晶头、标签、机柜螺钉、线槽三通等。其中，把标签、机柜螺钉、线槽三通等零星琐碎的材料归纳为“标签等零星配件”。

设计出预算表初稿如图 2-45 所示。

3. 统计各种材料原始数量

请自行重新检查项目需求与计算结果的差异及平面施工图，统计各种材料原始数量

（1）统计预算信息插座（含模块）的数量

根据项目文字说明可知某职业技术学校综合楼（1 层）需要安装信息点 44 个，利用双口信息插座（含模块）安装，即需要 18 套双口信息插座（里面共含有信息模块 36 个），需要 8 套单口信息插座（里面含有信息模块 8 个）。

某职业技术学校综合楼（1 层）综合布线系统材料预算表

序号	材料名称	材料规格/型号	单价／元	数量	单位	小计/元	用途简述
1	双口信息插座（含模块）	超5类RJ45口86系列塑料	60		套		
2	单口信息插座（含模块）	超5类RJ45口86系列塑料	55		套		
3	插座底盒	明装，86系列塑料	10		个		
4	超5类非屏蔽双绞线	Cat 5e 4PR UTP	750		箱		
5	线槽	PVC，白色	6		根		
6	配线架	1U，24口超5类	300		个		
7	50对机柜式配线架	1U，110语音配线架	200		个		
8	理线环	1U	100		个		
9	网络机柜	24U	600		个		
10	水晶头	RJ45	1		个		
11	标签等零星配件	/					
12	网络跨接线	超5类，原装，1m	20		条		
13	鸭嘴跨接线	1对	25		条		

图2-45　预算表初稿

（2）统计预算插座底盒的数量

每个双口或单口信息插座对应一个插座底盒，根据统计出来的双口和单口信息插座数量可以知道需要插座底盒的数量为 18+8=26 个。

（3）统计预算超 5 类非屏蔽双绞线的使用量

1）计算线缆的长度。根据施工平面图测量可知最远点 F 距离约为 50m；最近信息点 N 距离约为 5m；一层楼共有信息点 44 个，根据水平子系统布线距离公式 $C=[0.55\times(F+N)+6]\times M$ 及 F、N 的值，计算得 $C=[0.55\times(50+5)+6]\times 44\text{m}\approx 1320\text{m}$，共需要超 5 类非屏蔽双绞线约 1320m。

2）换算订购双绞线箱数。电缆走线的平均长度为 $0.55\times(F+N)+6=[0.55\times(50+5)+6]\text{m}\approx 33\text{m}$。

每箱电缆走向数量为每箱电缆长度除以电缆平均长度，即 305÷33=9.2（根/箱）。因此，每箱可布电缆数为 9 根（取小于 9.2 的整数 9，即每箱双绞线能敷设连接 9 个信息点）。

所需电缆箱数为工程信息点总数量除以每箱电缆能敷设信息点数量，即 44/9=4.88≈5（箱）。因此，一层楼的预算需要超 5 类非屏蔽双绞线缆为 5 箱。

（4）统计预算线槽的数量

根据施工平面图可知线槽的数量为 300m。

（5）统计配线架的数量

在配线架的使用上，考虑将数据语音分别接入对应的配线架上以便日后维护，所以数据接口部分使用配线架数量为30/24=1.25≈2个（配线架数量满足需求，并且留有空余未接端口）。语音接口部分使用配线架的数量为14/24=0.58≈1个。

因此，一层楼的预算配线架使用数量为3个。

（6）统计预算100对机架式配线架的数量

通过项目文字描述，可知一层楼语音信息点14个，语音信道14个。而50对机架式配线架可提供语音信号接入数为50路。因此，一层楼使用50对110语音配线架 1 根。通过鸭嘴跨接线跳接入对应信息点语音接口。

（7）统计预算理线环的数量

理线环在综合布线中起到整理线缆的作用。在综合布线系统中，有的品牌的跨接线盘自带理线环，有的需要单独配置理线环。如果需要单独配置理线环，则可以1对1的形式配置或者1对2的形式配置。使用数量应该等于数据配线架数量加上语音配线架数量。在本项目的构建中，所使用的数据配线架和语音配线架均不带理线环，同时采用1对1的形式配置，还有由于在同一个机柜上安装交换机（2台），也需要理线架（2个）。因此，一层楼一共需要使用理线环的数量为2+1+2=5个。

（8）统计预算网络机柜的数量

本项目1层管理间需要使用1个24U网络机柜，是从设备缆线的放置及端接考虑，将配线架、理线环及后期准备购进的交换机等网络设备放置于一个网络机柜内。

（9）统计预算跨接线及水晶头的数量

在本项目工程中，所有工作区子系统中数据接口到用户端的跨接线均为手工制作，每条跨接线定位3m，按照要求可知1层楼面数据信息点30个，所以3m跨接线约需要30条，所需水晶头数量为30×2=60个，所使用的超5类非屏蔽双绞线数量为3m×30≈100m，约1箱。

网络机柜内配线架到交换机网络设备的跨接线采用原装1m跨接线，跳接30个数据信息点共需要跨接线30条。

语音信息点14个，需要鸭嘴跨接线14条。

将表中统计的项目及数量填入表中，如图2-46所示。

4. 统计预算

根据统计值和浮动空间比例，计算出预算值及表中各项值，形成预算雏形。

根据工程的实际情况，对各项材料实施预留浮动值，浮动比例可由5%～10%不等。在本任务中不考虑计算浮动值。

在工作表中对各种材料价格进行统计，计算出材料整个预算价格，如图2-47所示。

5. 完成预算表“制表人”“制作日期”等项目制作

输入制表人及其他相关信息，并设置好相关表格边框，如图2-48所示。

至此，完成综合楼（1层）综合布线系统材料预算表，如图2-49所示。

某职业技术学校综合楼（1 层）综合布线系统材料预算表

序号	材料名称	材料规格/型号	单价/元	数量	单位	小计/元	用途简述
1	双口信息插座（含模块）	超5类RJ45口86系列塑料	60	18	套		
2	单口信息插座（含模块）	超5类RJ45口86系列塑料	55	8	套		
3	插座底盒	明装，86系列塑料	10	26	个		
4	超5类非屏蔽双绞线	Cat 5e 4PR UTP	750	6	箱		
5	线槽	PVC，白色	6	60	根		
6	配线架	1U，24口超5类	300	5	个		
7	50对机柜式配线架	1U，110语音配线架	200	1	个		
8	理线环	1U	100	5	个		
9	网络机柜	24U	600	1	个		
10	水晶头	RJ45	1	60	个		
11	标签等零星配件	/	/	/	/		
12	网络跨接线	超5类，原装，1m	20	30	条		
13	鸭嘴跨接线	1对	25	14	条		

图2-46　统计数量后的预算表

某职业技术学校综合楼（1 层）综合布线系统材料预算表

序号	材料名称	材料规格/型号	单价/元	数量	单位	小计/元	用途简述
1	双口信息插座（含模块）	超5类RJ45口86系列塑料	60	18	套	1080	
2	单口信息插座（含模块）	超5类RJ45口86系列塑料	55	8	套	440	
3	插座底盒	明装，86系列塑料	10	26	个	260	
4	超5类非屏蔽双绞线	Cat 5e 4PR UTP	750	6	箱	4500	
5	线槽	PVC，白色	6	60	根	360	
6	配线架	1U，24口超5类	300	5	个	1500	
7	50对机柜式配线架	1U，110语音配线架	200	1	个	200	
8	理线环	1U	100	5	个	500	
9	网络机柜	24U	600	1	个	600	
10	水晶头	RJ45	1	60	个	60	
11	标签等零星配件	/	/	/	/	0	
12	网络跨接线	超5类，原装，1m	20	30	条	600	
13	鸭嘴跨接线	1对	25	14	条	350	
					合计	：10450	

图2-47　各种材料小计后的预算表

项 目 名 称	制表人	
某职业技术学校综合楼（1 层）综合布线系统材料预算表	制表时间	
	图表编号	

图2-48　制表信息效果

某职业技术学校综合楼（1 层）综合布线系统材料预算表

序号	材料名称	材料规格/型号	单价/元	数量	单位	小计/元	用途简述
1	双口信息插座（含模块）	超5类RJ45口86系列塑料	60	18	套	1080	
2	单口信息插座（含模块）	超5类RJ45口86系列塑料	55	8	套	440	
3	插座底盒	明装，86系列塑料	10	26	个	260	
4	超5类非屏蔽双绞线	Cat 5e 4PR UTP	750	6	箱	4500	
5	线槽	PVC，白色	6	60	根	360	
6	配线架	1U，24口超5类	300	5	个	1500	
7	50对机柜式配线架	1U，110语音配线架	200	1	个	200	
8	理线环	1U	100	5	个	500	
9	网络机柜	24U	600	1	个	600	
10	水晶头	RJ45	1	60	个	60	
11	标签等零星配件	/	/	/	/	200	
12	网络跨接线	超5类，原装，1m	20	30	条	600	
13	鸭嘴跨接线	1对	25	14	条	350	
					合计	：10650	

项 目 名 称	制表人	
某职业技术学校综合楼（1 层）综合布线系统材料预算表	制表时间	
	图表编号	

图2-49　系统项目材料预算表完成效果

2.7.3 知识链接

1. 综合布线材料计算方法

（1）确定线缆的类型

要根据综合布线系统所包含的应用系统来确定线缆的类型。对于计算机网络和电话语音系统可以优先选择4对双绞线电缆；对于屏蔽要求较高的场合，可选择4对屏蔽双绞线；对于屏蔽要求不高的场合，应尽量选择4对非屏蔽双绞线电缆；对于有线电视系统，应选择75Ω的同轴电缆；对于要求传输速率高或保密性高的场合，应选择光缆作为水平布线线缆。

（2）确定电缆的长度

要计算整座楼宇的水平布线用线量，首先要计算出每个楼层的用线量，然后对各楼层用线量进行汇总即可。每个楼层用线量的计算公式如下：

$$C=[0.55(F+N)+6]\times M \tag{2-1}$$

式中，C为每个楼层用线量，单位为m；F为最远的信息插座离楼层管理间的距离，单位为m；N为最近的信息插座离楼层管理间的距离，单位为m；M为每层楼的信息插座的数量；6为端对容差（主要考虑到施工时线缆的损耗、线缆布设长度误差等因素）。

整座楼的用线量为

$$S=\Sigma MC \tag{2-2}$$

式中，M为楼层数；C为每个楼层用线量。

应用示例：已知某一楼宇共有6层，每层信息点数为20个，每个楼层的最远信息插座离楼层管理间的距离均为60m，每个楼层的最近信息插座离楼层管理间的距离均为10m，请估算出整座楼宇的用线量。

解：根据题目要求知道，楼层数M=20，最远点信息插座与管理间的距离F=60m，最近点信息插座与管理间的距离N=10m。

因此，每层楼用线量$C=[0.55\times(60+10)+6]\times 20\text{m}=890\text{m}$。

整座楼共6层，因此整座楼的用线量$S=890\text{m}\times 6=5340\text{m}$。

2. 订购电缆

目前市场上的双绞线电缆一般都以箱为单位进行订购。常见装箱形式为：305m（1000ft）WE TOTE包装形式。因此在水平子系统设计中，计算出所有水平电缆用线总量后，应换算为箱数，然后进行电缆的订购工作。订购电缆箱数的公式如下：

订购电缆箱数=INT（总用线量/305），其中，INT（）为向上取整函数。

例如，已知计算出整座楼的用线量为5340m，则要求订购的电缆箱数为

INT（5340/305）=INT（17.5）=18箱

2.7.4 实训任务

完成综合楼2～4层综合布线系统材料预算表，并制作综合楼综合布线工程材料预算表（总表）。

项目3　综合布线工程施工

1）了解网络综合布线系统施工的基本要求。

2）掌握网络综合布线系统中电缆的安装及端接方法。

3）掌握网络综合布线系统中线槽、线管的布设方法。

4）掌握网络综合布线系统中光缆的施工及熔接方法。

5）培养学生团队合作的精神和安全施工的意识。

1）熟悉网络综合布线的各种器材和设备。

2）熟练掌握电缆的布施、端接技术。

3）掌握线槽、线管的剪裁及安装技术。

4）熟练掌握综合布线工程施工技术。

任务1　了解施工前的准备

3.1.1　任务描述

综合布线工程项目在实施前，必须做好前期的准备工作。这些工作包括施工图样准备、施工器材准备、施工现场检查、制定施工进度计划等。只有合理安排好前后的工作顺序，才能按时、按质、按量地完成工程项目。

3.1.2　任务实施

1．施工前的准备

1）熟悉和全面了解某学校图书馆综合楼设计文档和施工图样。仔细阅读相关施工图样和设计文件，特别是图样中的说明和标注要认真核对；与设计人员进行交流，了解其设计意图。

2）现场调查实际的施工环境和条件。在现场要复核设计的线缆敷设路由和设备安装位置是否正确，现场建筑形状与图样是否相符。查看竖井间和设备间所处位置及空间大小。

3）编制施工进度顺序和施工计划。根据施工图样和文件的要求，结合施工现场的客观条件，设备器材的供应和施工人员的数量等情况，合理制定施工进度表，做到计划详细、具体，要便于施工监督和科学管理，如图 3-1 所示。

综合布线系统工程施工组织进度表

项目 \ 时间	2012年11月															
	1	3	5	7	9	11	13	15	17	19	21	23	25	27	29	30
一、合同签订																
二、图样会审																
三、设备订购与检验																
四、主干线槽管架设及光缆敷设																
五、水平线槽管架设及线缆敷设																
六、信息插座的安装																
七、机柜安装																
八、光缆端接及配线架安装																
九、内部测试及调整																
十、组织验收																

图3-1　施工进度表

4）设备、器材、仪表和施工工具的检查。

①安装施工前，对设备、工具进行仔细清点和抽样测试。

②线缆和主要器材数量必须满足连续施工的需要。

③所用线缆及管材要符合国家相关标准。

2．线缆敷设的注意事项

1）布放线缆转弯时，弯曲半径应符合下列规定。

①非屏蔽 4 对对绞电缆的弯曲半径应至少为电缆外径的 4 倍。

②屏蔽 4 对对绞电缆的弯曲半径应至少为电缆外径的 8 倍。

③主干对绞电缆的弯曲半径应至少为电缆外径的 10 倍。

④2 芯或 4 芯水平光缆的弯曲半径应大于 25mm；其他芯数的水平光缆、主干光缆和室外光缆的弯曲半径应至少为光缆外径的 10 倍。

2）线缆敷设应符合下列要求。

①线缆的型式、规格应与设计规定相符。

②线缆的布放应自然平直，不得产生扭绞、打圈、接头等现象，不应受外力的挤压和损伤。

③线缆两端应贴有标签，应标明编号，标签书写应清晰、端正和正确。标签应选用不易损坏的材料。

④线缆应有余量以适应端接、检测和变更。对双绞电缆预留长度：工作区宜为 3～6cm，管理间宜为 0.5～2m，设备间宜为 3～5m；光缆布设路由需盘留，预留长度宜为 3～5m，有

特殊要求的应按设计要求预留长度。

小提示：不得将线缆直接对折或扭曲，这样会损坏其电气性能，导致链路不合格，如图 3-2 所示。

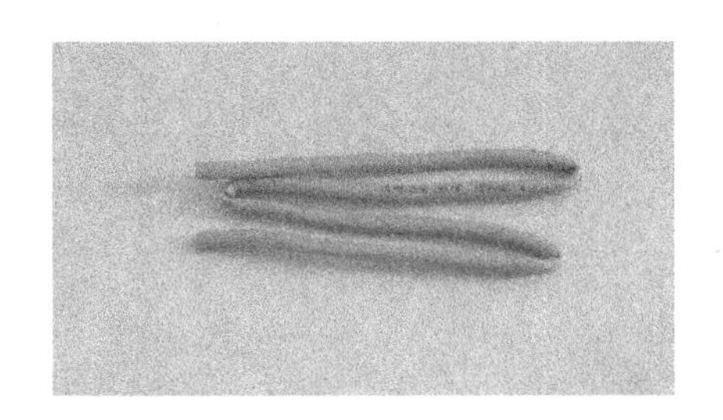
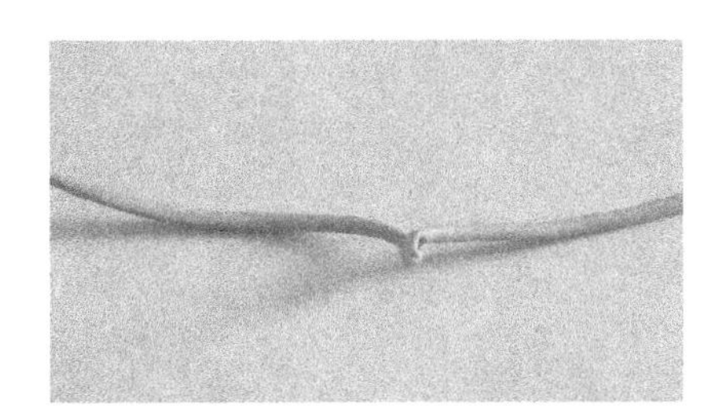

图3-2　双绞线对折和扭曲

任务 2　安装线管线槽

3.2.1　任务描述

管槽安装施工是综合布线工程的第一个环节，它是敷设线缆的通道，决定了布线的路由走向。新建设的大楼常采用的是暗管或是桥架、槽道进行敷设线缆，而在旧楼网络改造中，一般采用线槽进行明装敷设线缆。管槽安装的质量好坏直接影响到工程的美观和穿线的难易程度。

3.2.2　任务实施

在模拟墙上完成管、槽的安装。

1. PVC 线槽安装施工

1）工具及材料的准备。

2）确定线槽要安装的位置、高度。

3）线槽水平直角的裁剪步骤如图 3-3 所示。

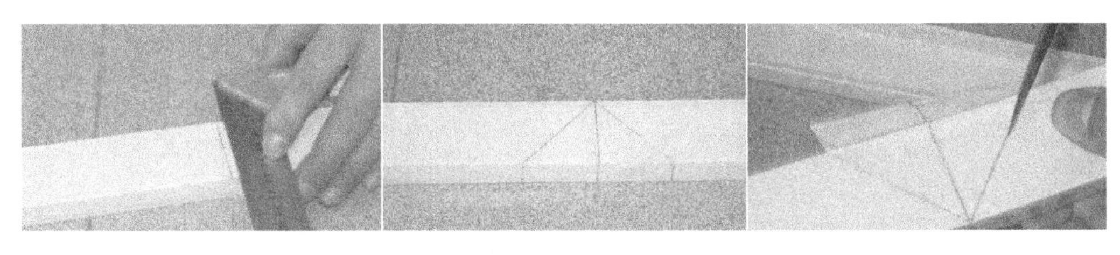

图3-3　线槽水平直角的裁剪步骤

4）线槽阴角的裁剪步骤如图 3-4 所示。

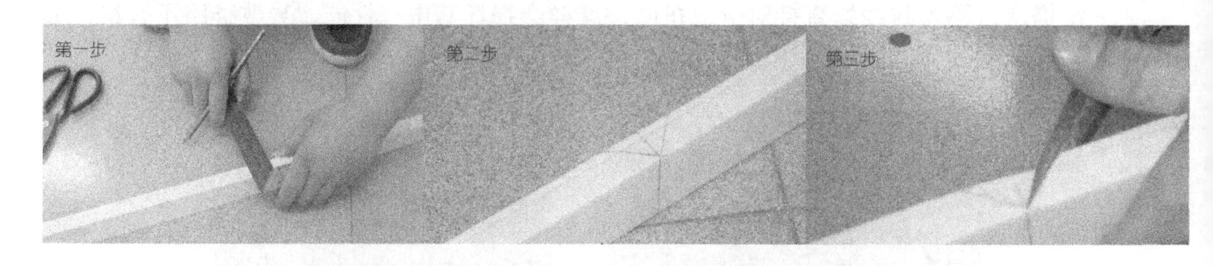

图3-4　线槽阴角的裁剪步骤

5）把裁剪好的线槽部件安装在模拟墙上。安装时注意，水泥钉要对准线槽的中间，从起始部位起，水泥钉的间隔约为 0.6 m，如图 3-5 所示。

图3-5　线槽安装

6）线槽完成安装后，使用水平尺检测是否达到“横平竖直”的标准，如有偏差，应进行整改，最终效果如图 3-6 所示。

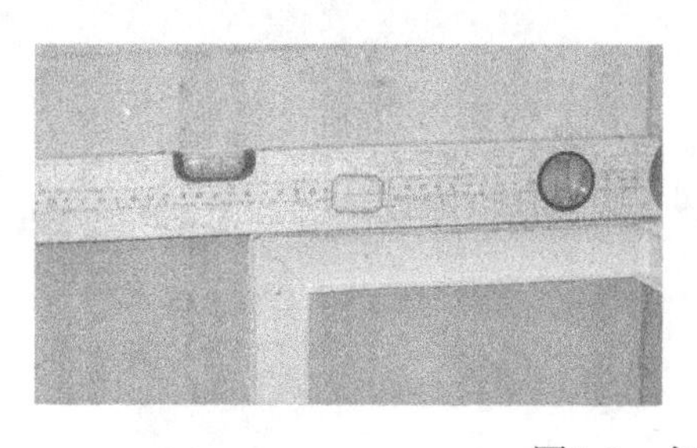

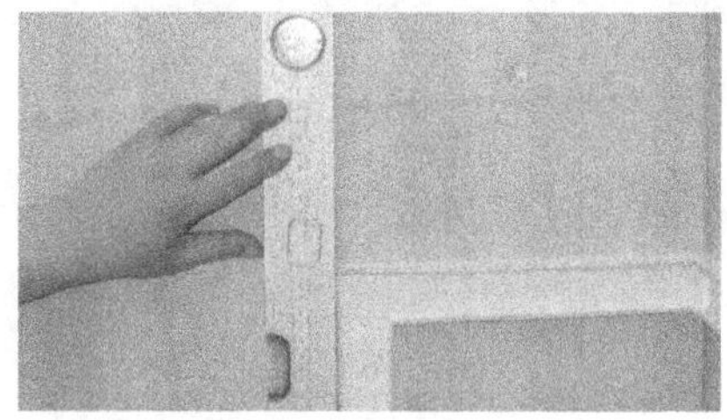

图3-6　水平尺检测

小提示：剥线槽盖板时，先将线槽盖板起始部位掀起一段后，用螺钉旋具将其剥离，不要用手直接拉盖板，避免线槽盖卷起。

2. PVC 线管安装施工

1）工具及材料的准备。

2）确定线管要安装的位置、高度。

3）线管的截断如图 3-7a 所示。截断后的线管套上弯头和直通头，如图 3-7b 所示。

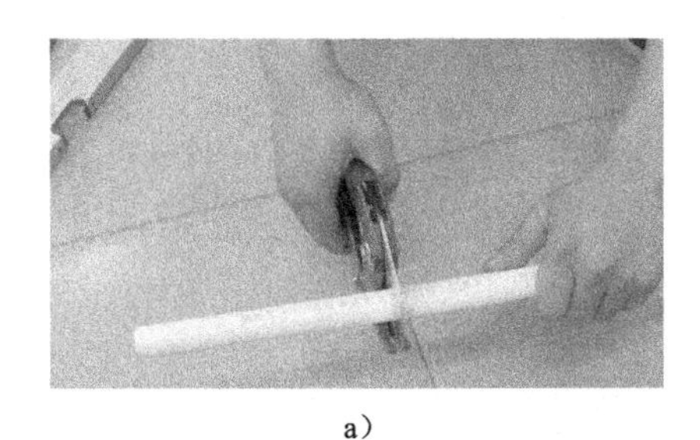

a）

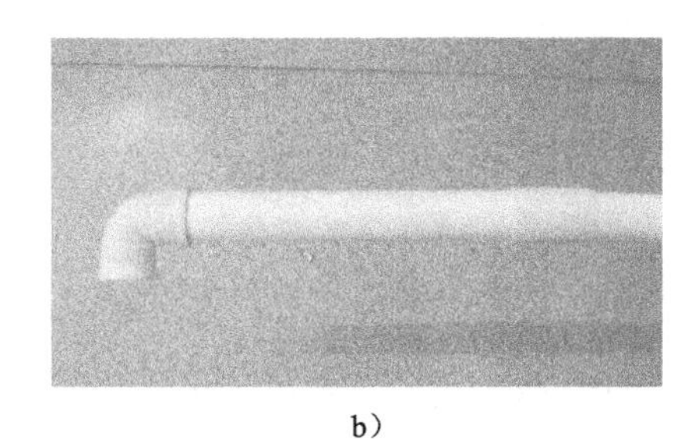

b）

图3-7 线管的处理

a）截断线管 b）套上弯头和直通头

4）线管器自制弯角的步骤如图 3-8 所示。

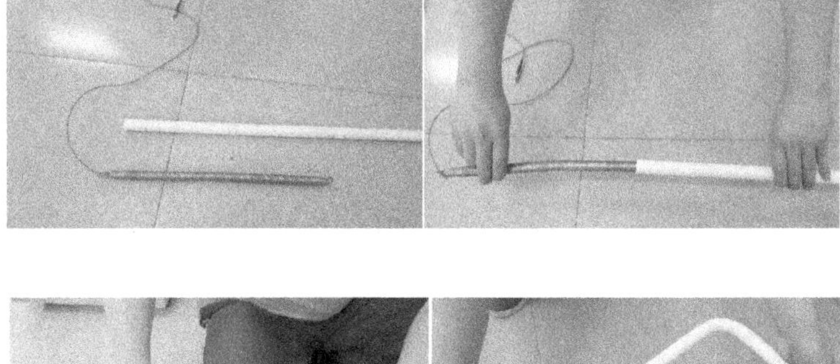

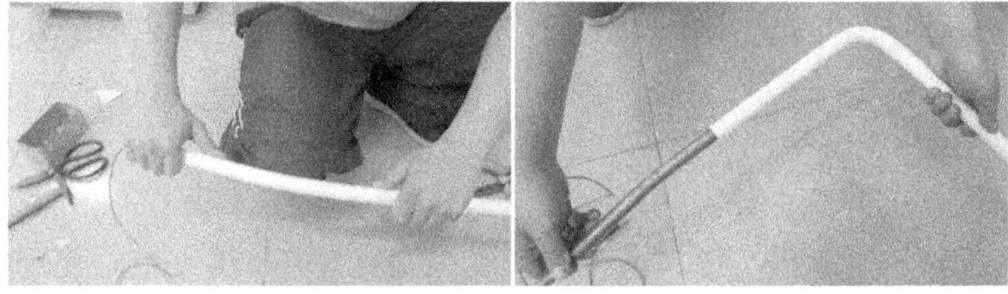

图3-8 线管器自制弯角的步骤

5）线管卡的安装，从起始部位起，每隔 0.6m 安装一个，接头处应在其前、后均安装一个管卡固定，如图 3-9、图 3-10 所示。

图3-9 安装管卡

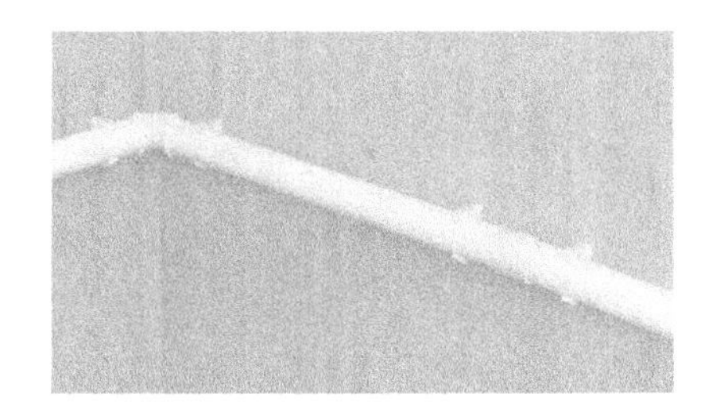

图3-10 线管上墙

6）把裁剪好的线管部件安装在模拟墙上，如图 3-11 所示。

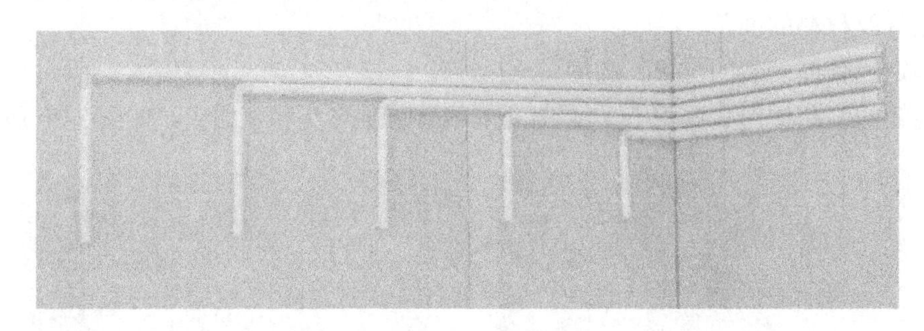

图3-11　完成效果

7）线管完成安装后，使用水平尺检测是否达到“横平竖直”的标准，如有偏差，应进行整改，最终效果如图 3-12 所示。

图3-12　水平尺检测

3.2.3　知识链接

1. 线槽

（1）金属槽

金属槽由槽底和槽盖组成，每根槽一般长度为 2m，槽与槽连接时使用相应尺寸的铁板和螺钉固定。金属槽的外形如图 3-13 所示。

图3-13　金属槽

（2）塑料槽

塑料槽的外状与金属槽类似，只是材料不同，它的品种规格更多。与 PVC 塑料槽配套的附件有阳角、阴角、直转角、平三通、左三通、右三通、连接、终端头和接线盒（暗盒、明盒）等。塑料槽的外形如图 3-14 所示。

图3-14　塑料槽

2. 线管

（1）金属线管

金属线管是用于分支结构或暗埋的线路，它的规格也有多种，以外径 mm 为单位；金属线管还有一种是软件管，供弯曲的地方使用。金属线管如图 3-15 所示。

图3-15　金属线管

（2）塑料线管

塑料线管产品分为两大类：PE 阻燃导管和 PVC 阻燃导管。与 PVC 管安装配套的附件有接头、螺圈、弯头、弯管弹簧；一通接线盒、二通接线盒、三通接线盒、四通接线盒、开口管卡、专用截管器、PVC 黏合剂等。

3. 桥架

桥架是建筑物内布线不可缺少的一个部分，桥架分为精通桥架、重型桥架和槽式桥架。在普通桥架中还可分为普通型桥架和直边普通型桥架。桥架的外形如图 3-16 所示。

图3-16　桥架

3.2.4 实训任务

1. PVC线槽安装工程技术实训

（1）实训目的

1）通过线槽的裁剪和安装，熟练掌握水平子系统的施工方法。

2）通过核算、列表、领取材料和工具，训练规范施工的能力。

（2）实训要求

1）按照图样，核算实训材料的规格和数量，掌握工程材料的核算方法，列出材料清单。

2）按照设计图，领取实训材料和工具。

3）掌握水平子系统线槽裁剪和安装方法。

（3）实训材料和工具

1）ϕ20mm，ϕ39mmPVC塑料槽，水泥钉若干。

2）十字螺钉旋具、M6×16十字螺钉。

3）钢锯、登高梯子、锤子、编号标签。

（4）实训安排

1）如图3-17所示，在模拟墙上完成线槽的安装。要求如下：

①内部小口字形用ϕ20mm PVC线槽敷设，外部大口字形用ϕ39mm PVC线槽敷设。

②通过计算获取数据，使内部小口字形位于大口字形的中间位置。

③线槽剪切平整、直角密合度好，缝隙不大于1mm。

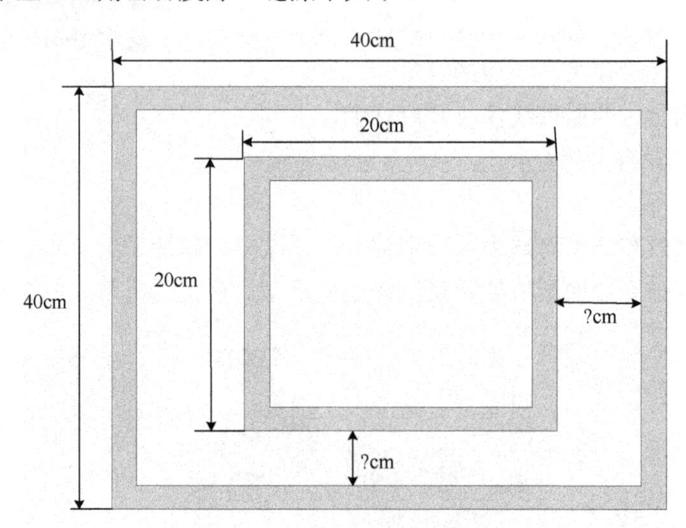

图3-17　在模拟墙上完成线槽的安装1

2）如图3-18所示，在模拟墙上完成线槽的安装。要求如下：

①用ϕ39mmPVC线槽按照图样尺寸进行剪切并在模拟墙上安装。

②通过计算获取数据，使其间隔均等。

③线槽剪切平整、直角和阴角密合度好，缝隙不大于 1mm。

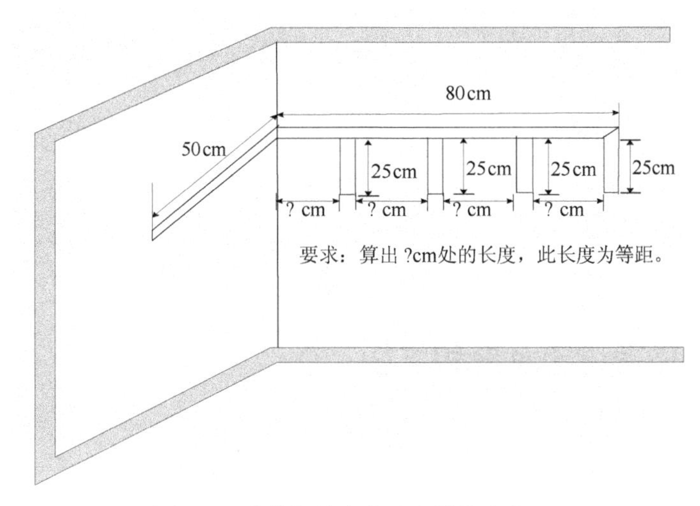

图3-18　在模拟墙上完成线槽的安装2

2. PVC 线管安装工程技术实训

（1）实训目的

1）通过线管的裁剪和安装，熟练掌握水平子系统的施工方法。

2）通过使用弯管器制作弯头，熟练掌握弯管器的使用方法。

3）通过核算、列表、领取材料和工具，训练规范施工的能力。

（2）实训要求

1）按照图样，核算实训材料的规格和数量，掌握工程材料的核算方法，列出材料清单。

2）按照设计图，领取实训材料和工具。

3）掌握水平子系统线管裁剪和安装方法；掌握 PVC 管卡、管的安装方法和技巧；掌握 PVC 弯管的方法。

（3）实训材料和工具

1）ϕ20mm PVC 塑料管，管接头、管卡、水泥钉若干。

2）弯管器、十字螺钉旋具、M6×16 十字螺钉。

3）钢锯、线管剪、登高梯子、锤子、编号标签。

（4）实训安排

如图 3-19 所示，在模拟墙上完成线管的安装。要求如下：

1）用 ϕ20mm PVC 线管按照图样在模拟墙上敷设，线管剪切平整、排列整齐，达到“横平竖直”的标准。

2）管扣间隔均匀，接头处两端应安装管扣固定。

3）掌握 PVC 管卡及线管安装的方法和技巧。

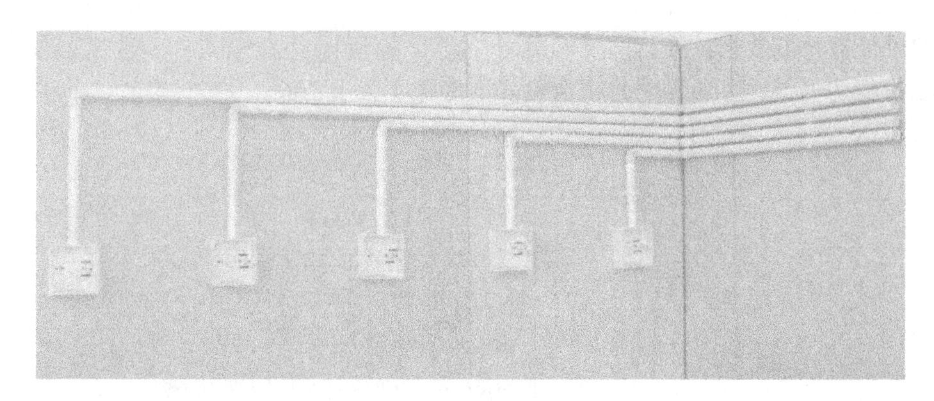

图3-19　线管安装

任务3　安装底盒面板和机柜

3.3.1　任务描述

线槽线管完成安装后，接下来就要进行底盒的安装，安装在地面上的接线盒应防水和抗压，安装在墙面或柱子上的信息插座底盒、多用户信息插座盒及集合点配线箱体的底部离地面的高度宜为 30cm。一般情况下，综合布线系统的配线设备和计算机网络设备采用 19in（1in=25.4mm）标准机柜安装，共有 42U 的安装空间。对于管理间子系统来说，多数情况下采用 6U～12U 壁挂式机柜，一般安装在每个楼层的竖井内或者楼道中间位置。具体安装方法是采取三角支架或者膨胀螺栓固定机柜。

3.3.2　任务实施

在模拟木墙上按要求完成底盒、面板和机柜的安装。

1. 底盒、面板安装

1）安装前检查新产品的外观有无破损，特别要检查底盒上的螺孔是否正常，如有损坏坚决不能使用，如图 3-20 所示。

图3-20　检查面板

2）根据进出线方向和位置，取掉底盒预设孔中的挡板。

3）明装底盒按照设计要求用木螺钉直接固定在墙面。

4）将模块卡接到面板接口中，如果双口面板上有网络和电话插口标记时，按照标记口位置安装。如果双口面板上没有标记时，应将网络模块安装在左边，电话模块安装在右边，并且在面板表面做好标记，上好固定螺钉。安装过程如图 3-21 所示。

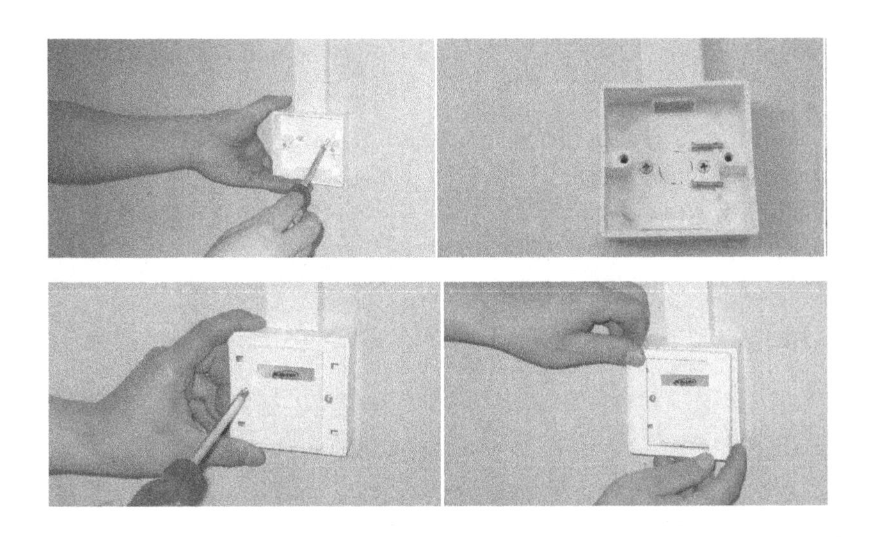

图3-21　底盒、面板安装步骤

小提示：暗装底盒时，首先使用专门的管接头把线管和底盒连接起来，这种专用接头的管口有圆弧，既方便穿线，又能保护线缆不会划伤或者损坏。然后用膨胀螺钉或者水泥砂浆固定底盒。因为暗装底盒一般在土建过程中进行，因此在底盒安装完毕后，必须进行成品保护，特别是安装螺孔，防止水泥砂浆灌入螺孔或者穿线管内。一般做法是在底盒螺孔和管口塞纸团，也有用胶带纸保护螺孔的做法。

2. 挂壁式机柜安装

1）安装前检查新产品的外观有无破损，机柜门开头有无错位或无法锁紧，如图 3-22 所示。

图3-22　检查机柜

2）卸下机柜门，小心放置好，将机柜放置到安装位置用铅笔在固定孔位置上做好打孔标记，如图 3-23、图 3-24 所示。

3）在打孔标记处打孔，用膨胀螺钉将机柜固定在墙面上，如图 3-25、图 3-26 所示。

4）安装好机柜门，并关好。如图 3-27、图 3-28 所示。

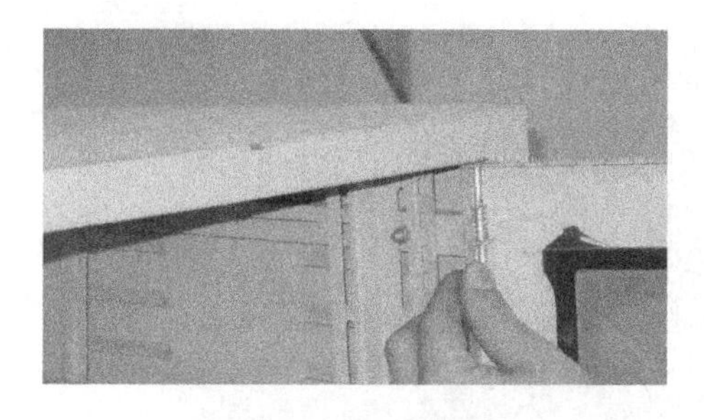

图3-23　卸下机柜门

图3-24　标记打孔位置

图3-25　标记处打孔

图3-26　安装机柜

图3-27　安装机柜门

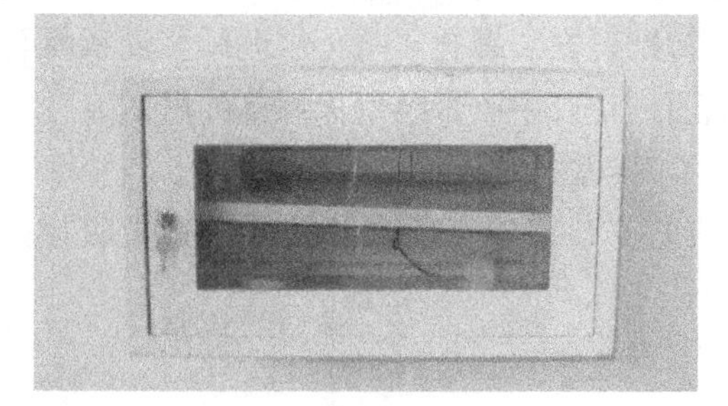

图3-28　完成安装

3.3.3 知识链接

1. 底盒

网络信息点插座底盒按照材料组成一般分为金属底盒和塑料底盒；按照安装方式一般分为暗装底盒和明装底盒；按照配套面板规格分为 86 系列和 120 系列。

1）明装底盒经常在改扩建工程墙面明装方式布线时使用，一般为白色塑料盒，外形美观，表面光滑，外形尺寸比面板稍小一些，为长 84mm、宽 84mm、深 36mm，底板上有两个直径 6mm 的安装孔，用于将底座固定在墙面，正面有两个 M4 螺孔，用于固定面板，侧面预留有上下进线孔，如图 3-29 所示。

2）暗装底盒一般在新建项目和装饰工程中使用，暗装底盒常见的有金属和塑料两种。塑料底盒一般为白色，一次注塑成型，表面比较粗糙，外形尺寸比面板小一些，常见尺寸为长 80mm、宽 80mm、深 50mm，5 面都预留有进出线孔，方便进出线，底板上有两个安装孔，用于将底座固定在墙面，正面有两个 M4 螺孔，用于固定面板，如图 3-30 所示；金属底盒一般一次冲压成型，表面都进行电镀处理，避免生锈，尺寸与塑料底盒基本相同，如图 3-31 所示。

图3-29 明装底盒

图3-30 暗装底盒

图3-31 金属底盒

3）需要在地面安装网络插座时，盖板必须具有防水、抗压和防尘功能，一般选用 120 系列金属面板，配套的底盒宜选用金属底盒。

2. 面板

常用面板分为单口面板和双口面板，面板外形尺寸符合国标 86 型、120 型。

1）86 型面板的宽度和长度分别是 86mm，通常采用高强度塑料材料制成，适合安装在墙面，具有防尘功能，如图 3-32 所示。

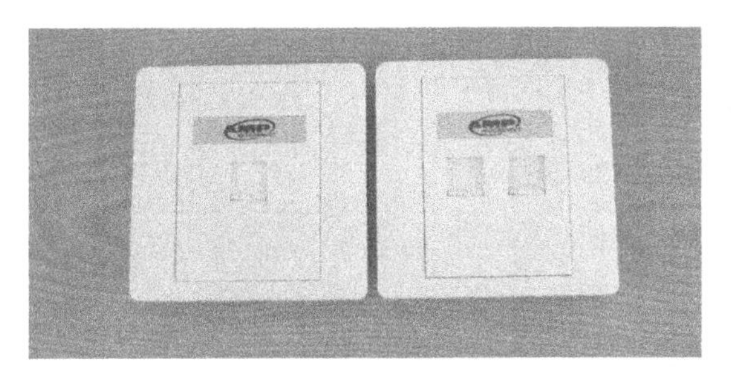
图3-32　86型单孔、双孔面板

2）120 型面板的宽度和长度是 120mm，通常采用铜等金属材料制成，适合安装在地面，具有防尘、防水功能，如图 3-33 所示。

图3-33　金属面板

3. 机柜

机柜是存放设备和线缆交接的地方。一般它的长度规格有600mm、800 mm，宽度规格有600 mm、800 mm、1000 mm，高度规格有24U、36 U、42 U。U是一种表示服务器外部尺寸的单位，是 unit 的缩略语，详细的尺寸由美国电子工业协会（EIA）决定，1U=44.45mm。一般情况下：服务器机柜的深≥800mm，而网络机柜的深≤800mm。网络机柜可分为以下两种：

（1）常用服务器机柜

内部安装设备的空间高度一般为1850mm（42U），上部安装有2个散热风扇，下部安装有4个转动轮钻和4个固定地脚螺栓，一般安装在网络中心机房或楼层的设备间，如图3-34所示。

图3-34　服务器机柜

（2）壁挂式网络机柜

外观轻巧美观，全柜采用全焊接式设计，牢固可靠。机柜背面有4个挂墙的安装孔，可将机柜挂在墙上节省空间。6 U机柜和9 U机柜分别如图3-35、图3-36所示。

图3-35　6U机柜

图3-36　9U机柜

3.3.4 实训任务

1. 底盒/面板、机柜安装综合实训

（1）实训目的

1）通过插座的安装，熟练掌握水平子系统的施工方法。

2）通过常用壁挂式机柜的安装，了解机柜的布置原则、安装方法及使用要求。

3）通过壁挂式机柜的安装，熟悉常用壁挂式机柜的规格和性能。

（2）实训要求

1）按照图样，完成水平系统的安装，掌握工程材料核算方法，熟悉实训材料规格。

2）完成壁挂式机柜的定位及安装，机柜安装平整、牢固。

3）完成水平子系统线槽、线管裁剪和安装，掌握PVC管卡、管的安装方法和技巧。

（3）实训材料和工具

1） ϕ20mm PVC塑料管，管接头、管卡若干。

2）钢锯、线管剪、登高梯子、锤子、编号标签。

3）列明装塑料底盒和螺钉若干。

4）双口面板和螺钉若干。

（4）实训安排

如图 3-37 所示，在模拟墙上完成线管、底盒/面板及机柜的安装。

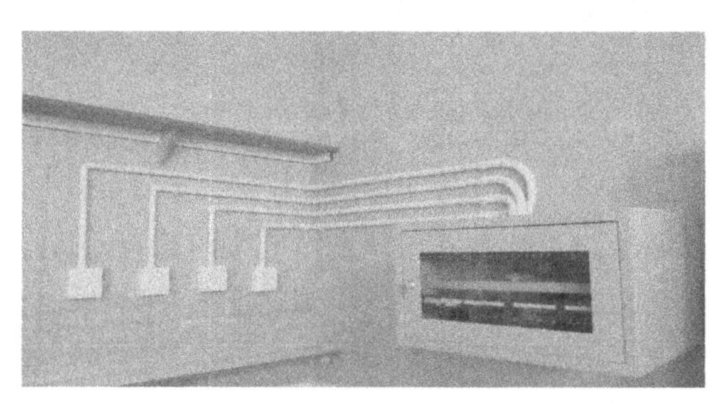

图3-37　实训图

任务 4　线缆的布设及施工

3.4.1　任务描述

底盒及机柜安装完成后，接下来就要进行线缆的布设和施工。线缆布设主要有以下几个方面：水平子系统布设、垂直子系统布设和建筑群子系统布设等。水平子系统一般采用铜缆作为传输介质；垂直子系统则根据传输距离及用户需求可选用铜缆或光缆作为传输介质；建筑群子系统距离较远且环境较为复杂，一般采用光缆作为传输介质。

3.4.2　任务实施

线缆布设前应核对规格、程序、路由及位置是否与设计规定相符合；布设的线缆应平直，不得产生扭绞、打圈等现象，不应受到外力挤压和损伤；在布设前，线缆两端应贴有标签，标明起始和终端位置以及信息点的标号，标签书写应清晰、端正和正确。

1. PVC 线槽布线施工

从线缆箱中拉线，在线的起始部位做好标签，拉出要求布设的长度剪断线，在线的末端做好与起始端相同编号的标签。接着重复以上工作，布设下一根线缆，直至放完所有需布设的线缆，将线缆理顺放入线槽中，盖上线槽板，完成线缆布设。过程如图 3-38 所示。

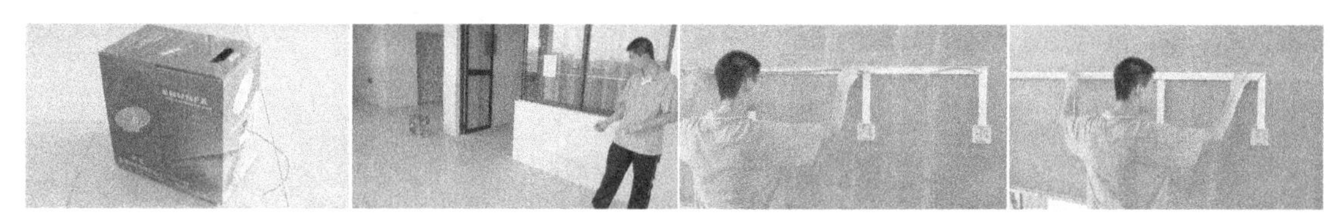

图3-38　PVC线槽布线

小提示：如需布设线缆较多时，可做好标签，从多组线缆箱中同时拉线，一次布设多根线缆，以提高效率。过程如图 3-39 所示。

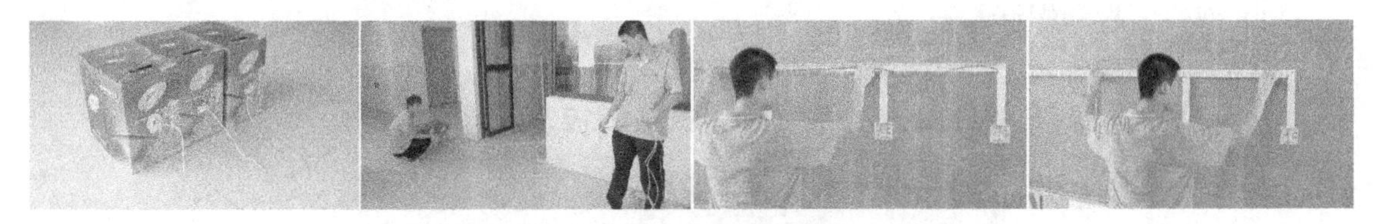

图3-39　PVC线槽多线布设

2. PVC 线管布线施工

管道布线是在浇筑混凝土时已把管道预埋在地板中，管道内有牵引电缆线的钢丝，施工时只需通过管道图样了解地板管道，就可以作出施工方案。

对于没有预埋管道的新建筑物，布线施工可以与建筑物装潢同步进行，这样便于布线，又不影响建筑的美观。具体步骤如下：

1）索取施工图样，确定布线路由。

2）线管布线时一般采用从多个线缆箱中同时拉线。

3）在纸箱上做好编号标注，线缆的标注写在线缆末端，贴上标签（注明线缆箱号）。

4）将合适长度的牵引线连接到一个带卷上，拉动牵引线使得双绞线向前移动，牵引到布线位置即可。过程如图 3-40 所示。

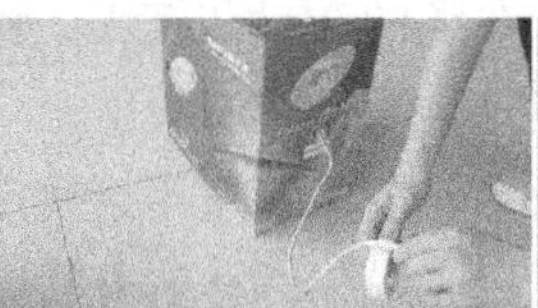
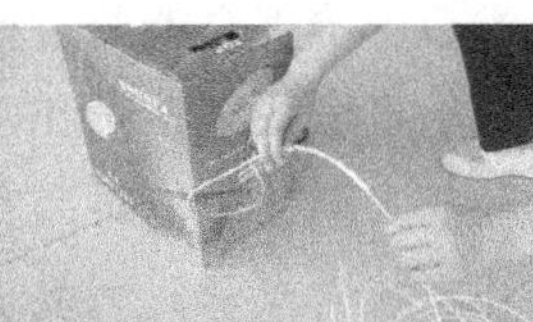
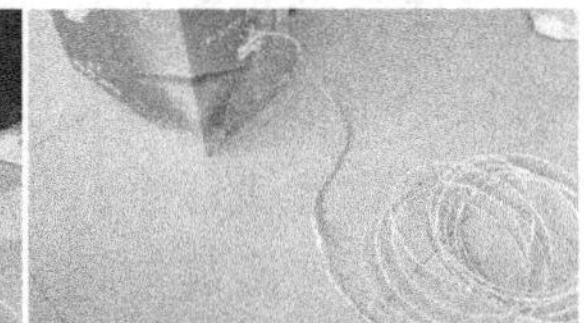

图3-40　连接牵引线

3. 线缆的清理

双绞线放置到位置后，需要做好线缆冗余，以便于日后线缆的端接和整理。

工作区底盒内双绞线冗余长度约为 35～50cm，如图 3-41 所示；楼层管理间机柜内双绞线一般冗余长度约为 1～1.5m；设备间机柜内双绞线一般冗余长度约为 2～3m，如图 3-42 所示。特殊要求的应按设计要求预留。线缆端接到配线架后，要求机柜内预留的双绞线应绕圈盘好用扎带固定，使得机柜内线缆整齐、有序。

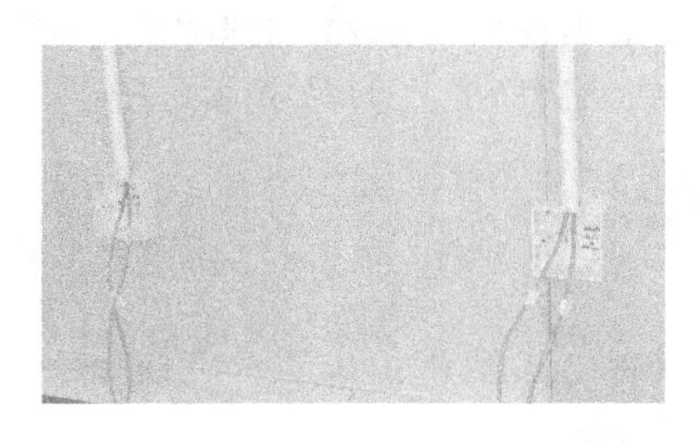

图3-41　底盒双绞线冗余

图3-42　机柜内双绞线整理

3.4.3　知识链接

目前，在通信线路上使用的传输介质有双绞线、大对数双绞线和光缆。

1. **双绞线**

双绞线（Twisted Pair，TP）是一种综合布线工程中最常用的传输介质。双绞线是由两根具有绝缘保护层的铜导线按一定密度互相绞缠在一起形成的线对组成。每对双绞线合并作一根通信线使用，线对扭绞可降低信号干扰的程度，每一根导线在传输中辐射出来的电波会被另一根线上发出的电波抵消。一般扭绞程度越密，其抗干扰能力就越强。

目前，双绞线可分为非屏蔽双绞线（UTP）和屏蔽双绞线（STP），屏蔽双绞线电缆的外层由铝箔包裹着，它的价格相对要高一些。计算机综合布线使用的双绞线的种类如图 3-43 所示。

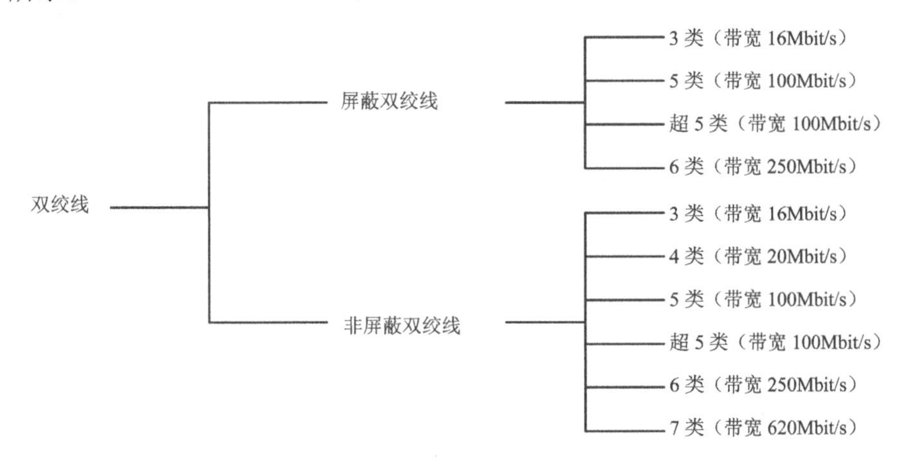

图3-43　综合布线使用的双绞线种类

（1）双绞线电缆颜色编码

4 对双绞线电缆之间是按颜色来区分的，每对线都有彩色编码。具体颜色编码方案见表 3-1。

表 3-1　4 对双绞线电缆颜色编码

线对	颜色编码	简写	线对	颜色编码	简写
线对 1	白－蓝	W－BL	线对 3	白－绿	W－G
	蓝	BL		绿	G
线对 2	白－橙	W－O	线对 4	白－棕	W－BR
	橙	O		棕	BR

小提示：对于百兆网络，只使用了 1、3 两个线对，其余线对是预留的；若是千兆网络，4 对线都会用上。

（2）双绞线电缆的标注

在电缆的外护套上，有一段文字标注，不同的厂商标注是不一样的。以下是一条电缆标注的例子，如图 3-44 所示。

图3-44　双绞线标注

这些标注标示了关于电缆的以下信息。

APKC systems cable：是指该双绞线的生产厂商及线缆类型。

24AWG：表示电缆直径大小，约为 0.5mm，数值越小表示线径越粗。如：标记 24AWG 的双绞线线径要比标记 26AWG 的双绞线粗。

HSYV-5E：超 5 类双绞线。

UTP KC-169：是指非屏蔽双绞线。

073M：表示生产这条双绞线时的长度点。这个标记对用户使用双绞线非常实用。如果想知道一箱双绞线的长度，可以找到双绞线的头部和尾部的长度标记，相减后得出。

2013.1.25：双绞线的生产日期。

2. 大对数双绞线

（1）25 对大对数双绞线的组成

大对数双绞线是由 25 对具有绝缘保护层的铜导线组成的。它有 3 类 25 对大对数双绞线，5 类 25 对大对数双绞线。5 类 25 对大对数双绞线为用户提供更多的可用线对，并被设计为扩展的传输距离上实现高速数据通信应用，传输速度为 100Mbit/s。导线色彩由主色对（白、红、黑、黄、紫）和配色对（蓝、橙、绿、棕、灰）编码组成。

线缆配对如下：

1）白蓝、白橙、白绿、白棕、白灰。

2）红蓝、红橙、红绿、红棕、红灰。

3）黑蓝、黑橙、黑绿、黑棕、黑灰。

4）黄蓝、黄橙、黄绿、黄棕、黄灰。

5）紫蓝、紫橙、紫绿、紫棕、紫灰。

（2）大对数双绞线品种

大对数双绞线品种分为屏蔽大对数线和非屏蔽大对数线，如图 3-45 所示。

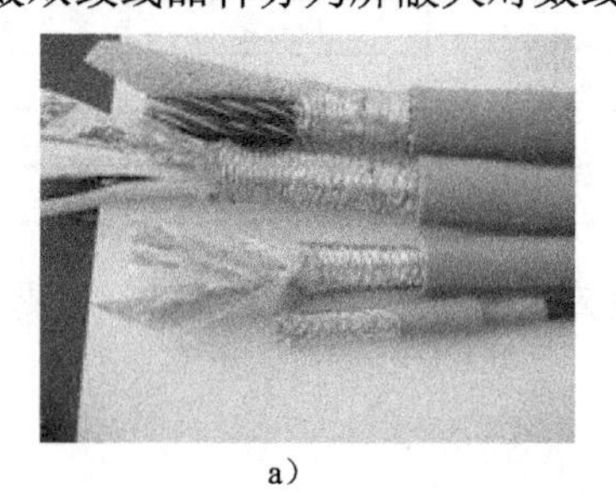

a）

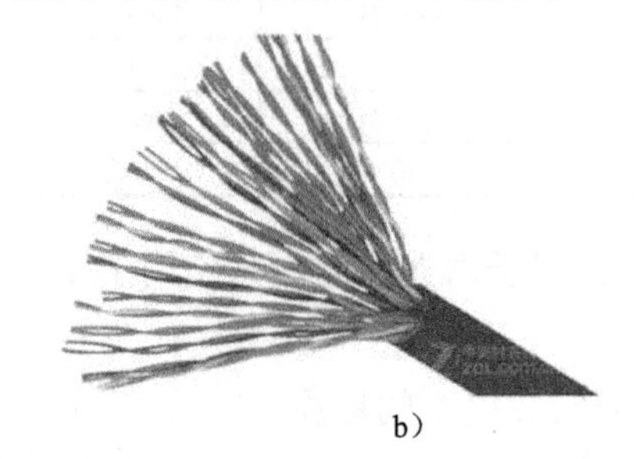

b）

图3-45　大对数双绞线

a）屏蔽大对数线　b）非屏蔽大对数线

3. 电缆长度的确定

GB 50311—2007 中规定水平布线系统永久链路的长度不能超过 90m，只有个别信息点的布线长度会接近这个最大长度，一般设计的平均长度都在 60m 左右。在实际工程应用中，因为拐弯、中间预留、缆线缠绕、与强电避让等原因，实际布线的长度往往会超过设计长度。如土建墙面的埋管一般是直角拐弯，实际布线长度比斜角要大一些。因此在计算工程用线总长度时，要考虑一定的余量。

确定电缆长度可参照“项目 2 材料预算表制作”的方法进行计算。

3.4.4 实训任务

1. 线缆长度的计算

（1）实训目的

1）通过工作区信息点数量统计，掌握各种工作区信息点位置和数量的统计方法。

2）熟练掌握工程所需线缆数量的计算方法。

（2）实训要求

1）完成一个多功能智能化建筑网络综合布线系统工程线缆总量的计算。

2）熟练掌握计算公式，完成工程概算。

（3）实训安排

查阅某学校图书馆综合楼设计图样，已知每个楼层的最远信息插座离楼层管理间的距离均为 50m，每个楼层的最近信息插座离楼层管理间的距离均为 10m，请计算出图书馆综合楼数据信息点双绞线水平布线用线总量，统计数据见表 3-2。

表 3-2　各楼层各房间信息点需求说明对照表

房间号	房间用途	数据信息点数量	语音信息点数量
101	车间	4	2
102	总务仓库	1	1
103	总务办公室	4	2
104	管理间（1 层）	2	2
105	都乐网办公室	6	4
106	计算机公司办公室	4	2
107	计算机公司财务室	4	2
108	计算机公司硬件部	8	2
201	图书室	2	2
202	电子办公室（二）	16	2
203	管理间（2 层）设备间	2	2
204	电子办公室（一）	36	2
205	招生办公室（一）	4	2
206	招生办公室（二）	2	2
301	计算机办公室	36	2
302	档案室	2	2
303	学校办公室	6	2

（续）

房间号	房间用途	数据信息点数量	语音信息点数量
304	管理间（3层）	2	2
305	教务办公室	4	2
306	校长办公室（一）	2	2
307	校长办公室（二）	2	2
308	校长办公室（三）	2	2
309	工会办公室	4	2
310	政教办公室	4	2
401	阅览室	6	2
402	财务室	6	2
403	管理间（4层）	2	2
404	电子阅览室	36	2
405	会议室	4	2

2. 线缆的布设施工实训

（1）实训目的

1）注意线缆布设的规格、程式、路由及位置是否与设计规定相符合。

2）正确使用标签，标签书写应清晰、端正和正确。

3）熟练掌握线缆牵引和布设的方法。

（2）实训要求

1）布设线缆长度合适，布设过程中不得产生扭绞、打圈等现象，避免线缆受到外力挤压和损伤。

2）在布设前，线缆应贴有标签，标明起始和终端位置以及信息点的标号，标签书写应清晰、端正和正确。

3）线缆应有足够的冗余以适应终端变更。

（3）实训材料和工具

1）锤子、剪刀、卷尺。

2）底盒、机柜、双绞线若干。

（4）实训安排

如图3-46所示，在模拟墙上完成双绞线的布设和整理。

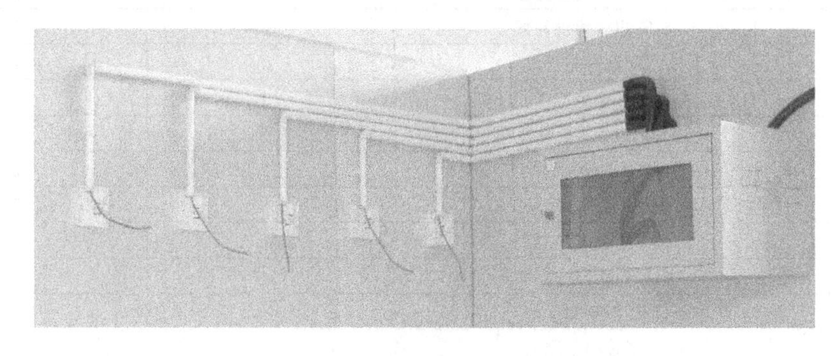

图3-46　双绞线布设实训

任务 5　电缆跨接线压接

3.5.1　任务描述

电缆跨接线主要是指 RJ45 双绞跨接线。所谓跨接线，一般是指两端均有一个水晶头的网线。跨接线分为直通线和交叉线两种，可用于计算机与网络设备间的连接、计算机与信息插座之间的连接等，如图 3-47 所示。在以双绞线作为传输介质的网络中，跨接线的制作与测试非常重要，跨接线的好坏影响着终端与网络设备间的通信质量。

图3-47　双绞线缆及RJ45跨接线

3.5.2　任务实施

1. RJ45 双绞跨接线制作（TIA/EIA568B 标准，直通线）

1）用网线钳（也可以用其他剪线工具）把 5 类双绞线的一端剪齐，然后把剪齐的一端插入到网线转刀剥线口中（约 3cm），慢慢旋转一圈（注意，不得损坏网线里面芯线的外皮），让刀口划开双绞线的保护胶皮，剥下胶皮，如图 3-48 所示。

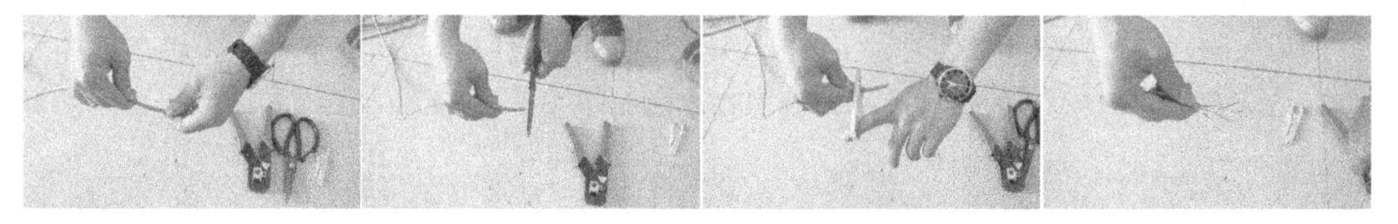

图3-48　剥双绞线

2）剥除外包皮后即可见到双绞线网线的 4 对 8 条芯线，先把 4 对芯线一字并排排列，然后再把每对芯线分开，并按 TIA/EIA 568B 标准的顺序排列：1—白橙、2—橙、3—白绿、4—蓝、5—白蓝、6—绿、7—白棕、8—棕。注意每条芯线都要拉直，并且要相互分开并列排列，不能重叠。然后用网线钳垂直于芯线排列方向剪齐（约 1.5cm），如图 3-49 所示。

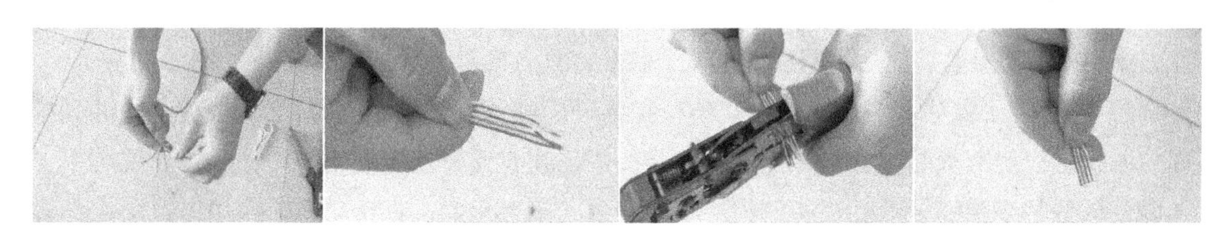

图3-49　理线/剪线

3）右手水平握住水晶头（塑料扣的一面朝下，簧片朝上），然后把剪齐、并列排列的 8 条芯线对准水晶头开口并排插入水晶头中，注意此时左手要用力按住外皮和线芯，一定要使各条芯线都插到水晶头的底部，不能弯曲（因为水晶头是透明的，所以可以从水晶头有卡位的一面清楚地看到每条芯线所插入的位置）。

4）确认所有芯线都插到水晶头底部后，即可将插入网线的水晶头直接放入网线钳压线缺口中，因缺口结构与水晶头结构一样，一定要正确放入才能使后面压下网线钳手柄时所压位置正确。水晶头放好后即可压下网线钳手柄，一定要使劲，使水晶头的插针都能插入到网线芯线之中，与之接触良好，如图 3-50 所示。

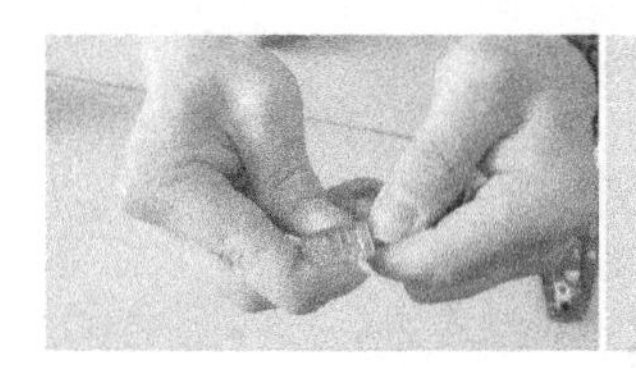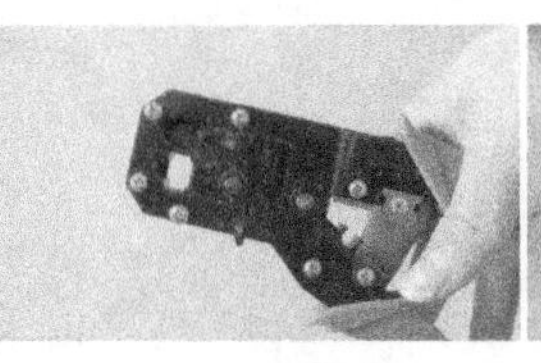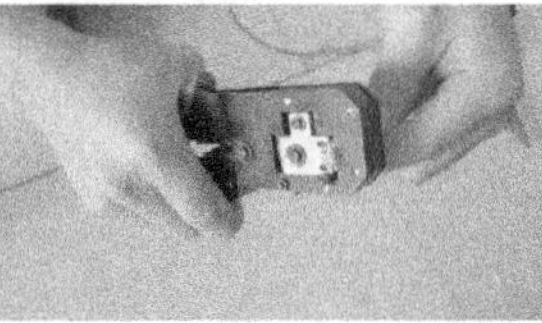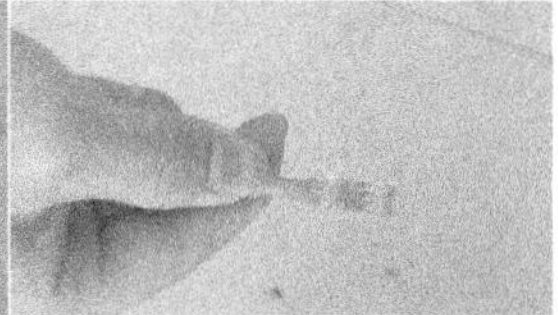

图3-50　压接水晶头

这样 RJ45 头就压接好了。按照相同的方法制作双绞线的另一端水晶头，要注意的是芯线排列顺序一定要与另一端的顺序完全相同，这样，一根跨接线的制作就完成了。

5）两端都做好水晶头后，即可用网线测试仪进行测试，如果测试仪上 8 个指示灯都依次为绿色闪过，证明跨接线制作成功。

小提示：如果制作交叉跨接线，另一头只需将 1 和 3、2 和 6 的线序对调。

2. 电话跨接线制作

1）用网线钳（当然也可以用其他剪线工具）把电话语音线的一端剪齐，然后把剪齐的一端插入到网线转刀剥线口中（约 3cm），慢慢旋转一圈（注意，不得损坏网线里面芯线的外皮），让刀口划开双绞线的保护胶皮，剥下胶皮，如图 3-51 所示。

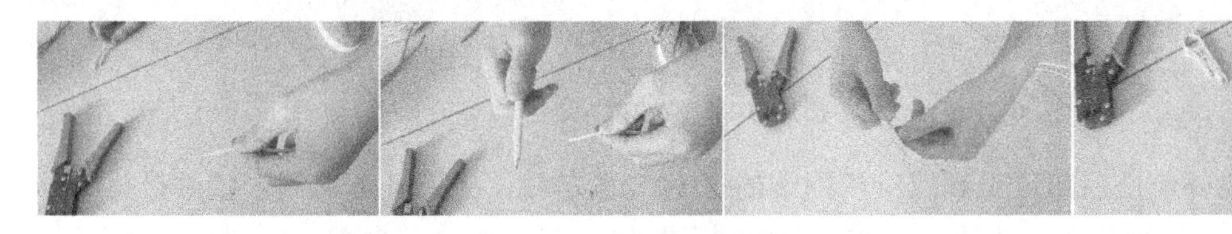

图3-51　剥电话线

2）剥除外包皮后即可见到双绞线网线的 2 对 4 条芯线，先把 4 对芯线一字并排排列，然后再把每对芯线分开，并按芯线颜色自定义排列好。注意每条芯线都要拉直，并且要相互分开并列排列，不能重叠。然后用网线钳垂直于芯线排列方向剪齐（约 1.5cm），如图 3-52 所示。

3）右手水平握住 RJ11 水晶头（塑料扣的一面朝下，簧片朝上），然后把剪齐、并列排列的 4 条芯线对准水晶头开口并排插入水晶头中，注意此时左手要用力按住外皮和线芯，一定要使各条芯线都插到水晶头的底部，不能弯曲（因为水晶头是透明的，所以可以从水晶头有卡位的一面清楚地看到每条芯线所插入的位置）。

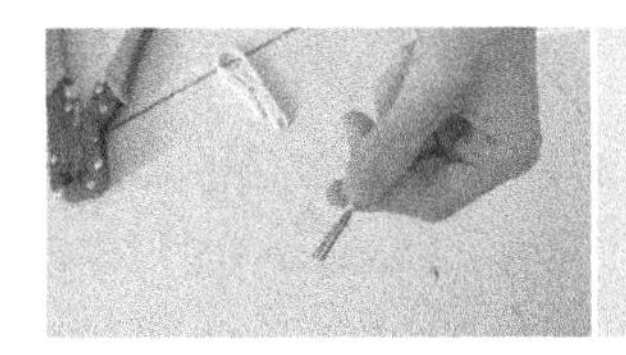
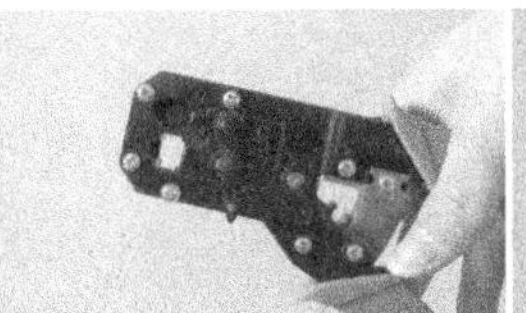
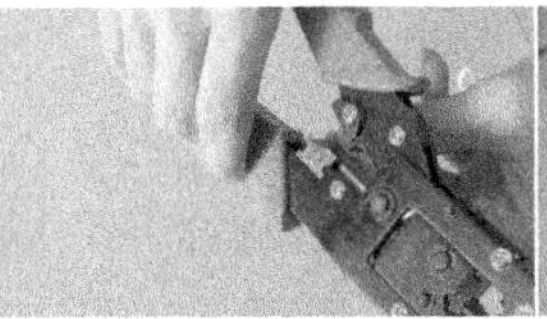
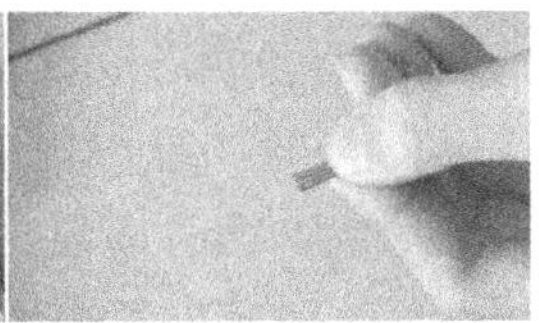

图3-52　理线/剪线

4）确认所有芯线都插到水晶头底部后，即可将插入电话线的水晶头直接放入网线钳 RJ11 压线缺口中，如图 3-53 所示。因缺口结构与水晶头结构一样，一定要正确放入才能使后面压下网线钳手柄时所压位置正确。水晶头放好后即可压下网线钳手柄，一定要使劲，使水晶头的插针都能插入到网线芯线之中，与之接触良好。

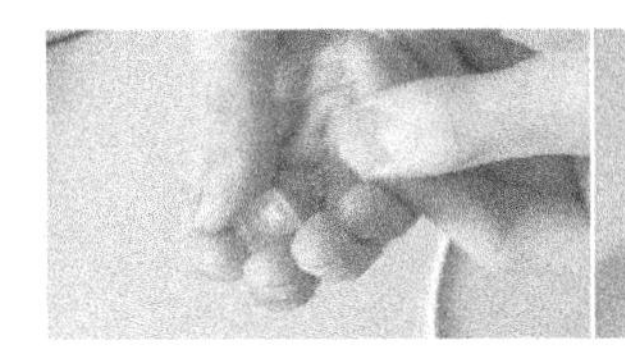

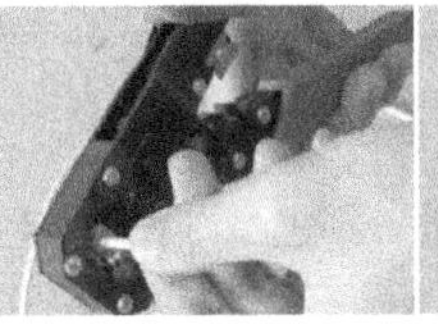
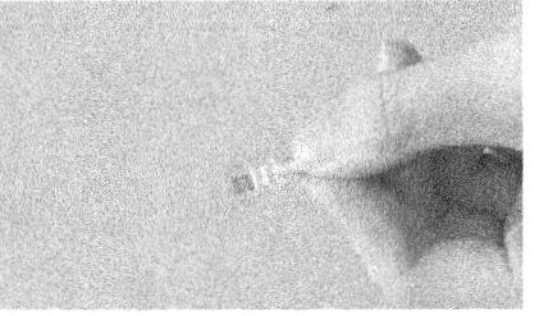

图3-53　压接水晶头

这个 RJ11 水晶头就压接好了。按照相同的方法制作双绞线的另一端水晶头。要注意的是芯线排列顺序一定要与另一端的顺序完全相同，这样一根跨接线的制作就完成了。

5）两端都做好水晶头后即可用网线测试仪进行测试，如果测试仪上 4 个指示灯都依次为绿色闪过，证明跨接线制作成功。

小提示：有些语音电话线是 1 对 2 条芯线，而语音电话传送的是交流信号，因此只要将线芯放入 RJ11 水晶头中间簧片（2、3 位置），进行压接即可。

3.5.3　知识链接

1. RJ45 水晶头端接的原理和方法

利用压线钳的机械压力使 RJ45 水晶头中的刀片首先压破线芯绝缘护套，然后再压入铜线芯中，实现刀片与线芯的电气连接。每个 RJ45 头中有 8 个刀片，每个刀片与 1 个线芯连接。如图 3-54 所示，注意观察压接后 4 个刀片比压接前低。

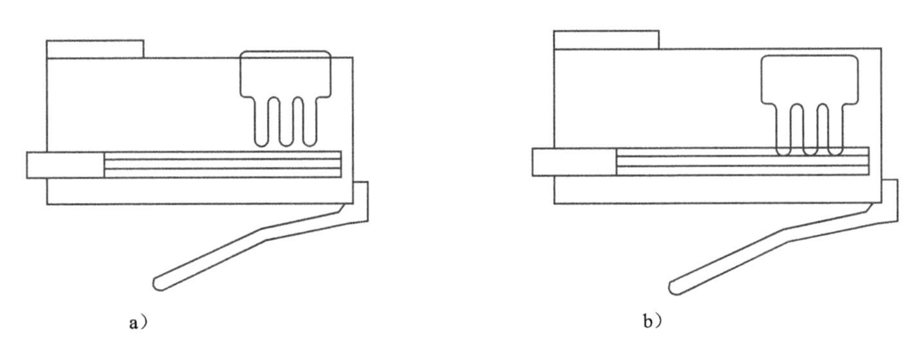

图3-54　刀片压线前后位置示意图

a）刀片压线前　b）刀片压线后

2. 双绞线连接器

RJ45 连接器俗称水晶头，之所把它称之为“水晶头”，是因为它的外表晶莹透亮的原因。双绞线的两端必须都安装这种 RJ45 插头，以便插在网卡（NIC）或交换机（Switch）的 RJ45 接口上，进行网络通信。类似的还有 RJ11 接口（4 线）。水晶头的外观如图 3-55 所示。

a）

b）

图3-55 水晶头外观

a）RJ45 水晶头 b）RJ11 水晶头

3. 跨接线制作标准

跨接线必须参照常用的布线标准 TIA/EIA 568A 或 TIA/EIA 568B 来制作，图 3-56 及表 3-3 所示为线序排列标准。

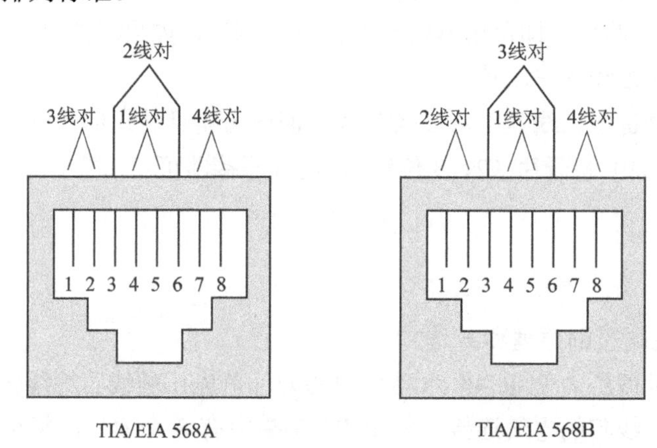

图3-56 TIA/EIA 568A和TIA/EIA 568B的线序排列分配图

表 3-3 TIA/EIA 568A 和 TIA/EIA 568B 线序排列标准

标准	1	2	3	4	5	6	7	8
TIA/EIA 568A	白绿	绿	白橙	蓝	白蓝	橙	白棕	棕
TIA/EIA 568B	白橙	橙	白绿	蓝	白蓝	橙	白棕	棕

小提示：针脚定义 RJ45 连接器包括一个插头和一个插孔（或插座）。插孔安装在机器上，而插头和连接导线（现在最常用的就是采用无屏蔽双绞线的 5 类线）相连。TIA/EIA 制定的布线标准规定了 8 根针脚的编号。如果看插头，将插头的末端面对眼睛，而且针脚的接触点的插头在下方，那么最左边是 1，最右边是 8，如图 3-57 所示。

特别强调一下，线序是不能随意改动的。例如，从上面的连接标准来看，1 和 2 是一对线，而 3 和 6 又是一对线。但如果将以上规定的线序弄乱，例如，将 1 和 3 用做发送的一对线，而将 2 和 4 用做接收的一对线，那么这些连接导线的抗干扰能力将下降，误码率就增大，即不能保证网络的正常工作。

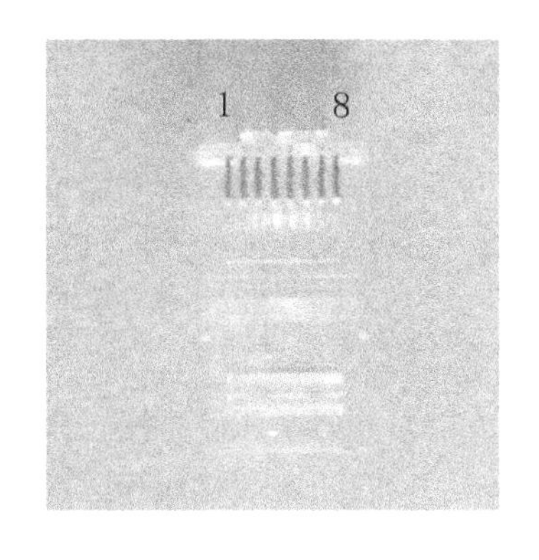

图3-57　针脚定义

1—发送　2—发送　3—接收
4—不使用　5—不使用　6—接收
7—不使用　8—不使用

4. 双绞线类型

按照双绞线两端线序的不同，通常分为两类双绞线。

（1）直通线

根据 TIA/EIA 568B 标准，两端线序排列一致，一一对应，即不改变线的排列，称为直通线。直通线序见表 3-4，当然也可以按照 TIA/EIA 568A 标准制作直通线，此时跨接线两端的线序依次为：1—白绿、2—绿、3—白橙、4—蓝、5—白蓝、6—橙、7—白棕、8—棕。

表 3-4　TIA/EIA 568B 标准直通线线序

端 1	白橙	橙	白绿	蓝	白蓝	绿	白棕	棕
端 2	白橙	橙	白绿	蓝	白蓝	绿	白棕	棕

（2）交叉线

根据 TIA/EIA 568B 标准，改变线的排列顺序，采用“1-3，2-6”的交叉原则排列，称为交叉线。交叉线线序如图 3-58 和表 3-5 所示。

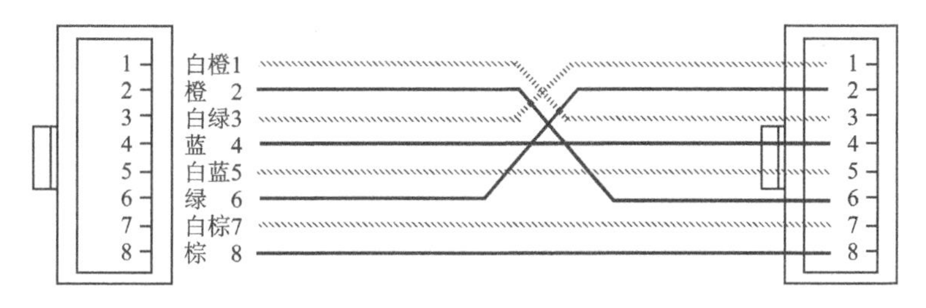

图3-58　交叉线连接线示意图

表 3-5　交叉线线序

端 1	白橙	橙	白绿	蓝	白蓝	绿	白棕	棕
端 2	白绿	绿	白橙	蓝	白蓝	橙	白棕	棕

3.5.4　实训任务

1. RJ45 跨接线压接实训

（1）实训目的

1）掌握 RJ45 跨接线制作的方法和技巧。

2）掌握 RJ45 跨接线的测试方法。

3）掌握网线压接的常用工具和操作技巧。

（2）实训要求

1）完成双绞线的剥线，不允许损伤线缆铜芯，长度达到要求。

2）完成 6 根 RJ45 跨接线的制作实训，共计压接 12 个 RJ45 水晶头。

3）制作标准如下：TIA/EIA568B 跨接线两根、TIA/ EIA 568A 跨接线两根、交叉跳线两根。

4）要求压接方法正确，压接线序检测正确，正确率 100%。

（3）实训材料和工具

1）网络压线钳、剥线器、剪刀、卷尺。

2）RJ45 水晶头 12 颗，双绞线若干。

（4）实训安排

RJ45 跨接线制作。

2. RJ11 跨接线压接实训

（1）实训目的

1）掌握 RJ11 跨接线制作的方法技巧及跳线的测试方法。

2）掌握网线压接的常用工具和操作技巧。

（2）实训要求

1）完成语音电话线的剥线，不允许损伤线缆铜芯，长度达到要求。

2）完成 4 根 RJ11 跨接线的制作实训，共计压接 8 个 RJ11 水晶头。

3）要求压接方法正确，压接线序检测正确，正确率 100%。

（3）实训材料和工具

1）网络压线钳、剥线器、剪刀、卷尺。

2）RJ11 水晶头 8 颗，电话线若干。

（4）实训安排

RJ11 跨接线制作。

任务 6　信息模块配线端接

3.6.1　任务描述

信息模块是综合布线的一种重要插件，综合布线系统的故障 90%发生在网络配线端接，特别是 6 类综合布线应用中，配线和端接技术直接影响网络传输速度、传输速率和传输距离。因此信息模块质量和端接的好坏，将直接影响综合布线整体的质量。

3.6.2　任务实施

1. RJ45 信息模块的端接

1）把双绞线从布线底盒中拉出，剪至适合的长度。剥除外层绝缘皮（约 5cm），用剪刀剪掉抗拉线，如图 3-59 所示。

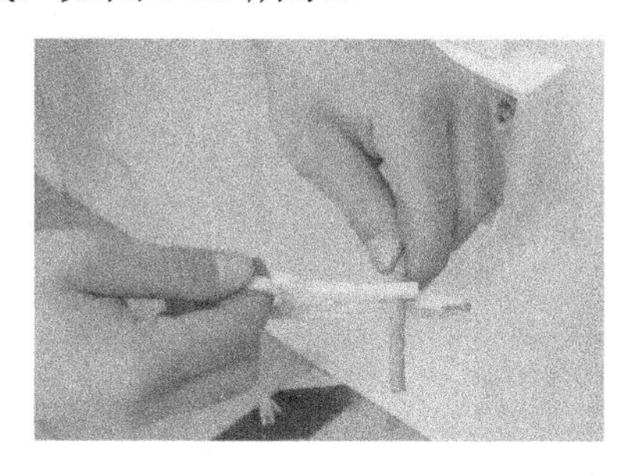
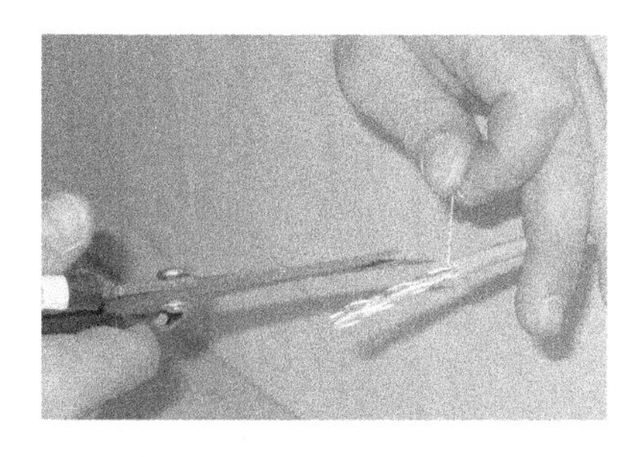

图3-59　剥除线皮

2）将信息模块的 RJ45 接口向下，置于桌面、墙面等较硬的平面上。

3）分开网线中的 4 对线对，但线对之间不要拆开，遵照信息模块上所指导的线序，稍稍用力将导线逐个置入相应的线槽内。通常状况下，模块上同时标志有 568A 和 568B 两种线序，用户应该依据布线设计时的规则，与其衔接装备采取相同的线序，一般为 TIA/EIA 568B 规范衔接。否则必须标注清晰。遵照 TIA/EIA 568B 规范衔接方法时，信息插座引针（脚）与双绞线电缆线对调配状况如下：线对 1（4—蓝、5—白蓝），线对 2（1—白橙、2—橙），线对 3（3—白绿、6—绿），线对 4（7—白棕、8—棕），如图 3-60 所示。

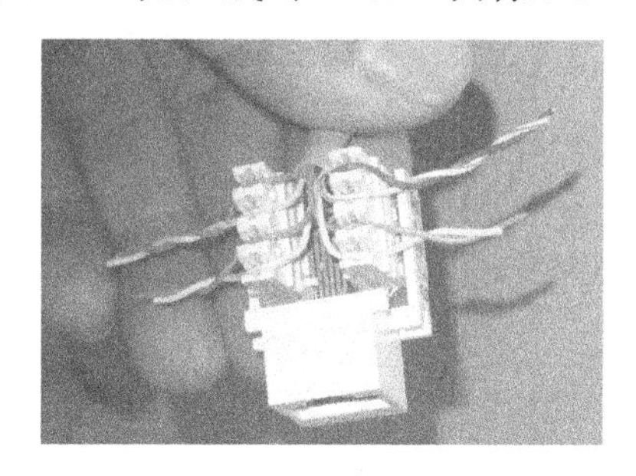
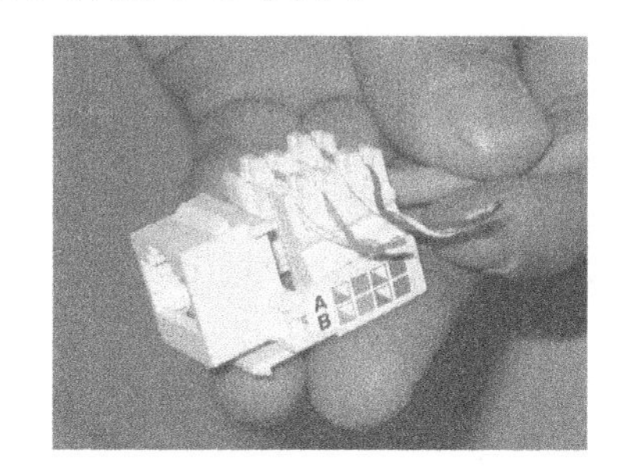

图3-60　将双绞线按色标置入槽内

4）将打线工具的刀口对准信息模块上的线槽和导线，垂直向下用力，听到“喀”的一声，模块外多余的线会被剪断。重复这一操作，可将 8 条芯线逐个打入相应色彩的线槽中，如图 3-61 所示。

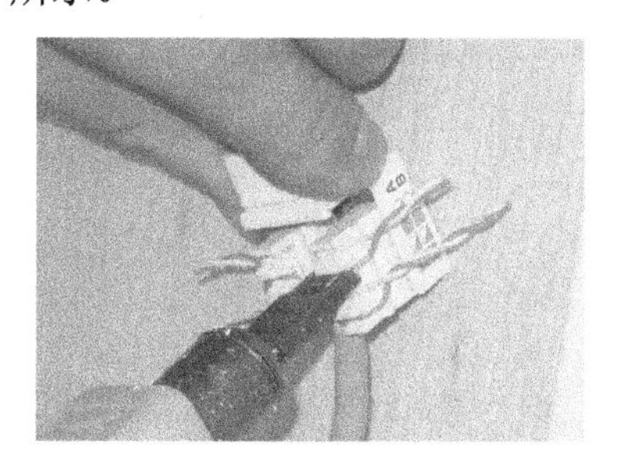
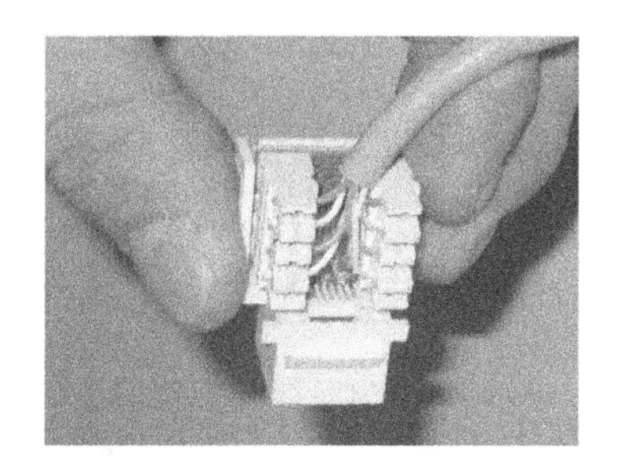

图3-61　模块端接

5）将模块的塑料防尘片沿缺口插入模块，并按牢稳定后固定于信息模块上，如图 3-62 所示。

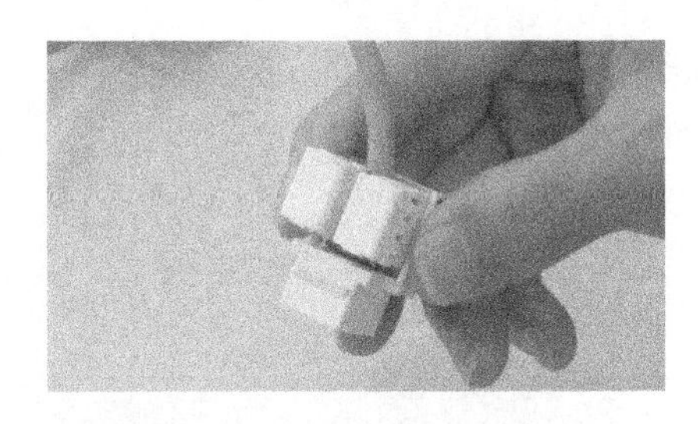

图3-62　盖上防尘帽

6）将信息模块插入信息面板中相应的插槽内，再用螺钉将面板牢牢地固定在信息插座的底盒上即可实现信息插座的端接，如图 3-63 所示。

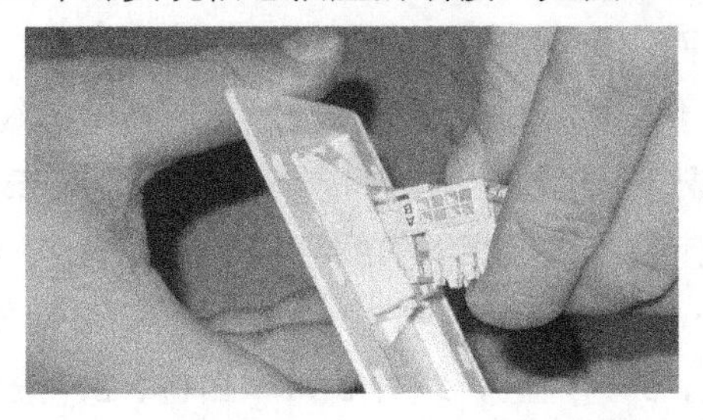
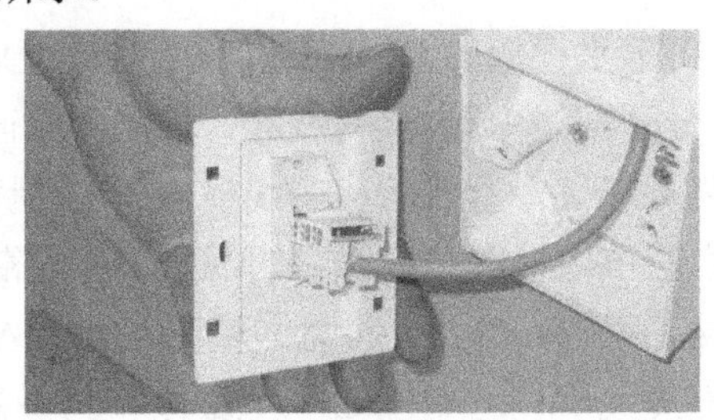

图3-63　模块安装

2. RJ11 信息模块的端接

RJ11 接口和 RJ45 接口类似，但只有 4 根针脚（RJ45 为 8 根），因此其端接步骤和 RJ45 大致一样。下边以 4 芯电话线端接为例。

1）把电话线从布线底盒中拉出，剪至适合的长度。剥除外层绝缘皮（约 5cm），如图 3-64 所示。

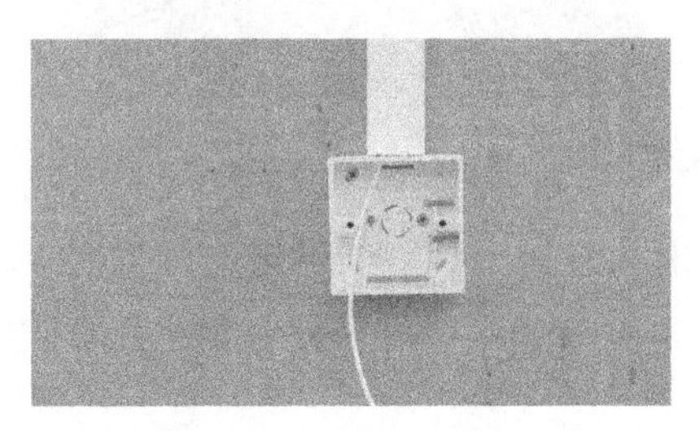
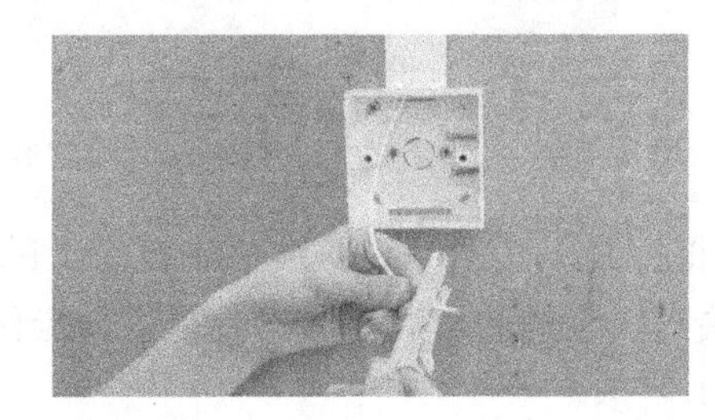

图3-64　剥线

2）将信息模块的 RJ11 接口向下，置于桌面、墙面等较硬的平面上，如图 3-65 所示。

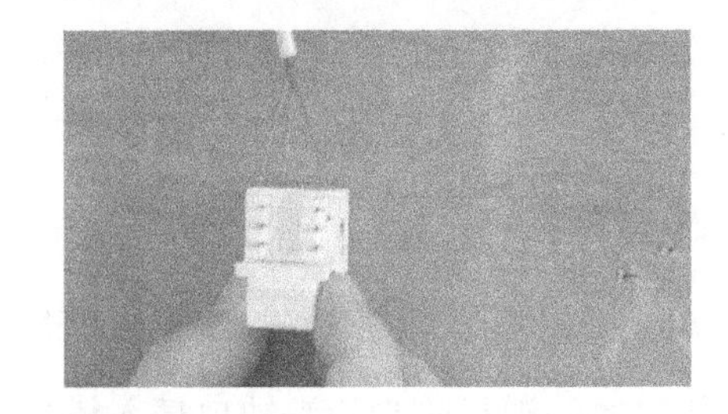

图3-65　RJ11信息模块

3）分开电话线中的4根线，一般只要电话水晶头中间两个铜片与电话模块中间的铜片接触，线路即可连通，无线序之分。因此稍稍用力将导线逐个置入相应的线槽内，如图3-66所示。

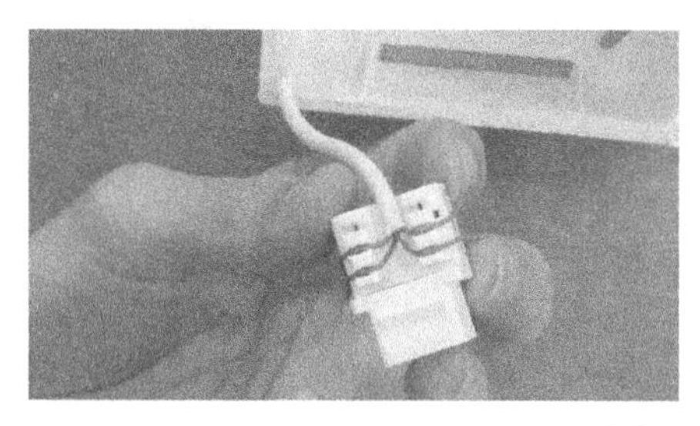
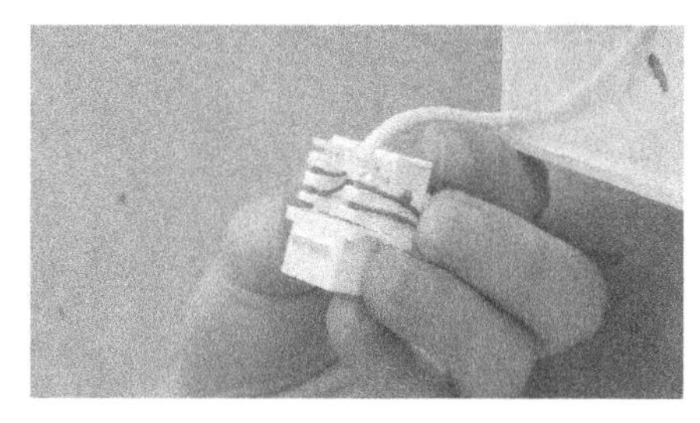

图3-66　理线

4）将打线工具的刀口对准信息模块上的线槽和导线，垂直向下用力，听到"咯"的一声，模块外多余的线会被剪断。重复这一操作，可将4条芯线逐个打入相应数字的线槽中。如图3-67所示。

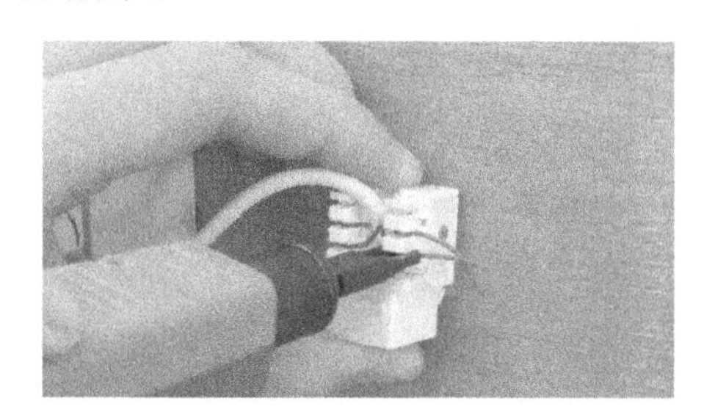
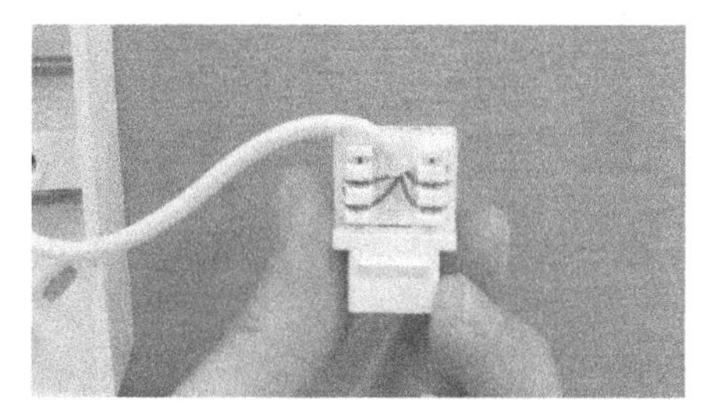

图3-67　端接

5）将模块的塑料防尘片沿缺口插入模块，并按牢稳定后，固定于信息模块上，如图3-68所示。

图3-68　盖上防尘帽

6）将信息模块插入信息面板中相应的插槽内，再用螺钉将面板牢牢地固定在信息插座的底盒上即可实现信息插座的端接，如图3-69所示。

3. 免打信息模块的端接

1)把双绞线从布线底盒中拉出，剪至适合的长度。剥除外层绝缘皮（约5cm)，用剪刀剪掉抗拉线，如图3-70所示。

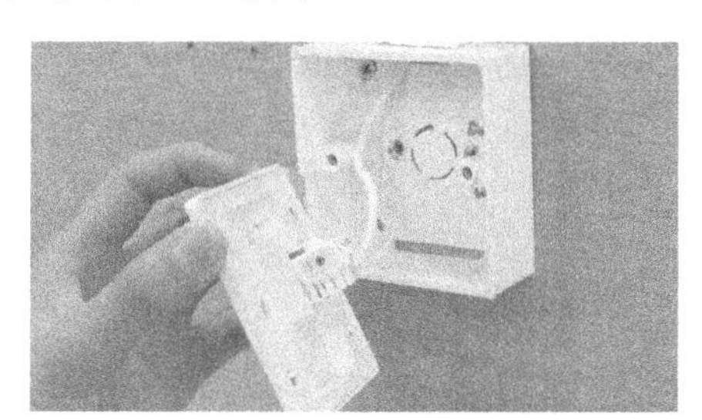

图3-69　插入信息面板

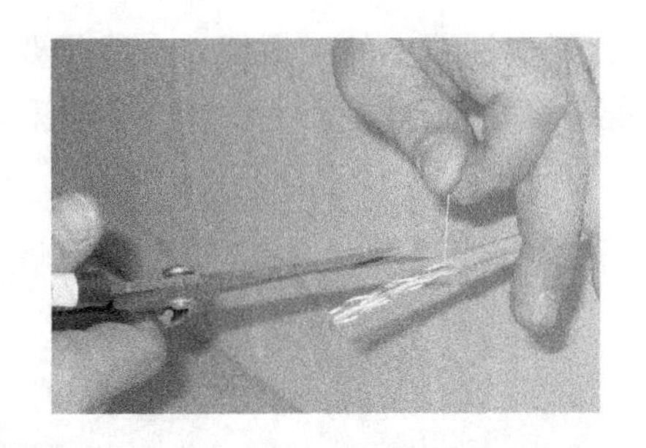

图3-70　剥除线皮

2）将线芯按线序理直后剪一个斜角，按色标将线芯放进面盖相应的槽内，如图 3-71 所示。

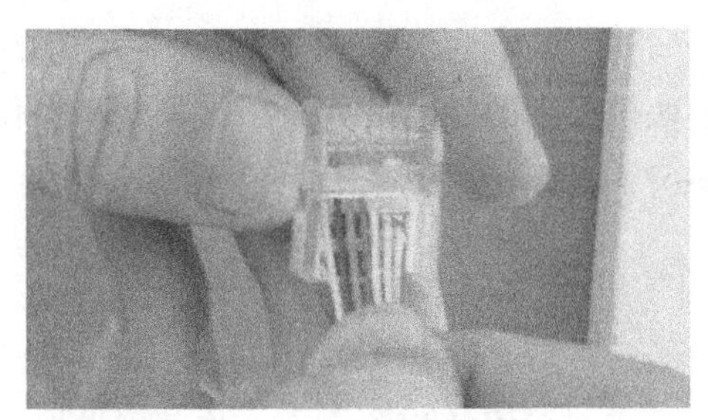

图3-71　理线

3）剪掉多余的线芯，如图 3-72 所示。

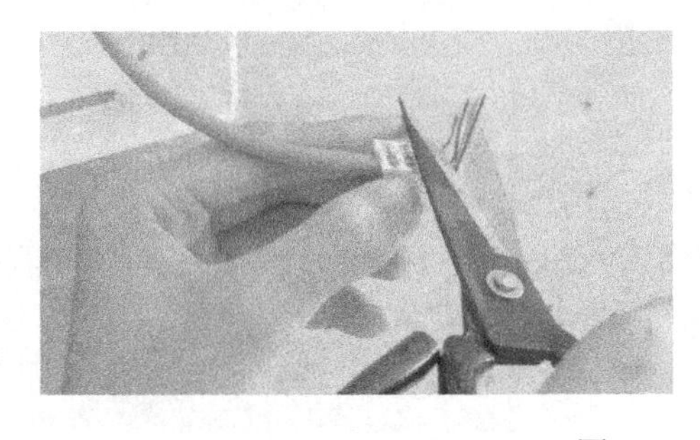
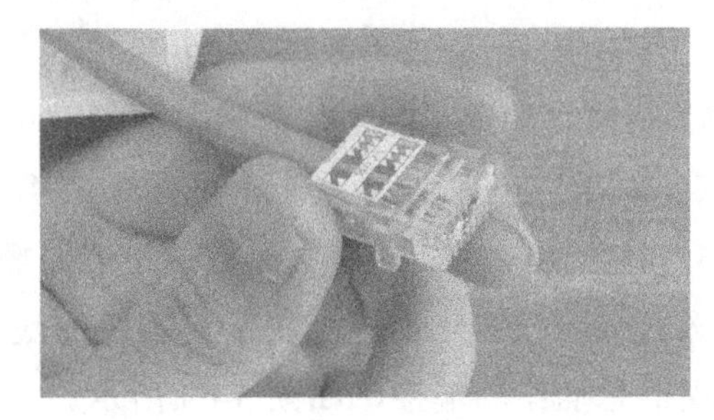

图3-72　剪平线芯

4）把面盖扣在模块上，如图 3-73 所示。

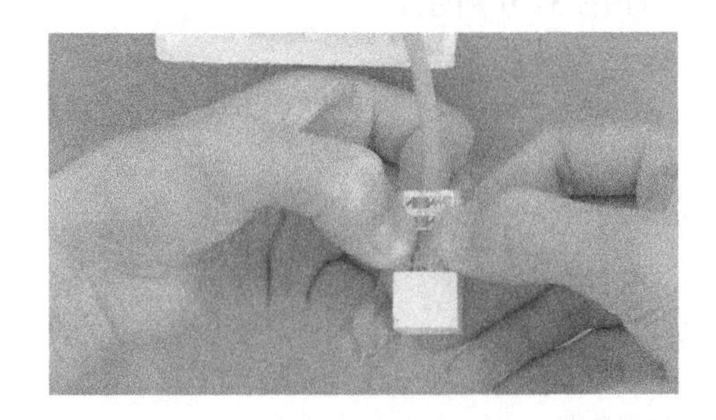
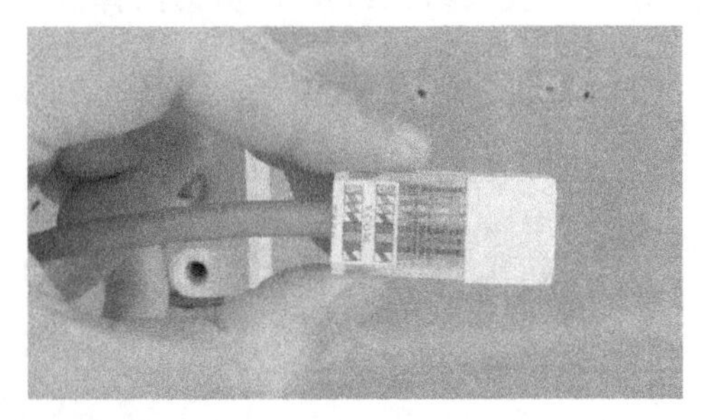

图3-73　压紧面盖

5）用手压下面盖。这样透明面盖就会锁紧在模块上，端接好的免打模块如图 3-74 所示。

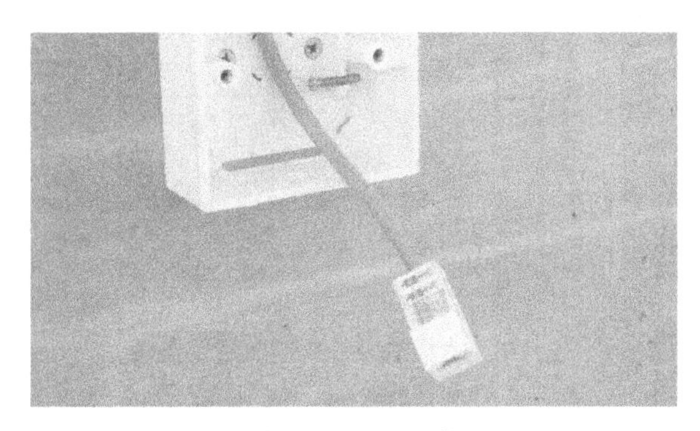

图3-74　完成压接

3.6.3　知识链接

1. 信息模块介绍

信息模块是网络工程中常用的一种配件，信息模块分为 6 类、超 5 类、3 类，且有屏蔽和非屏蔽之分。信息模块如图 3-75 所示。

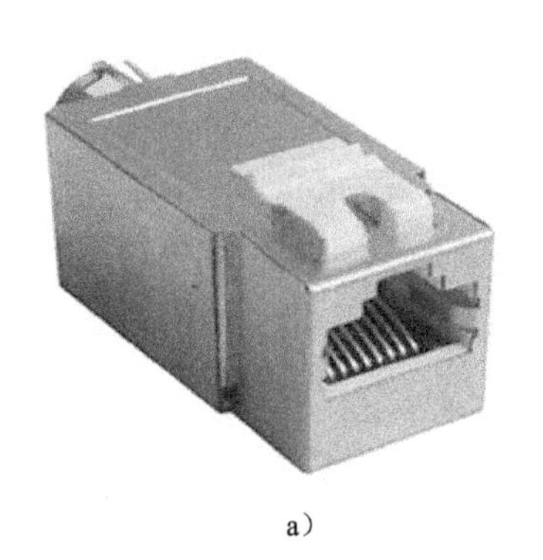

a）

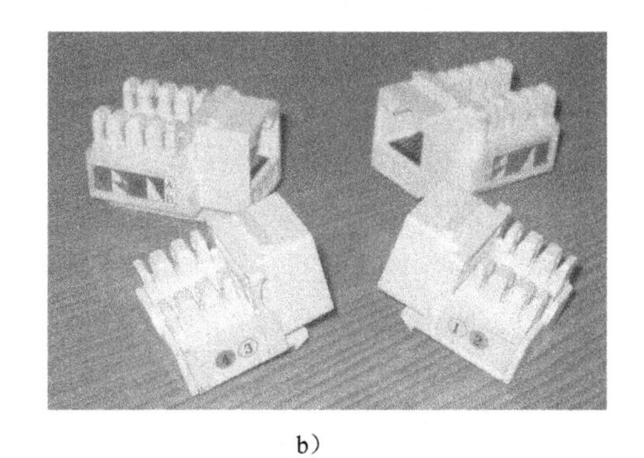

b）

图3-75　信息模块
a）屏蔽信息模块　b）非屏蔽信息模块

信息模块符合 TIA/EIA 568A 和 T568B 线序，适用于设备间与工作区的通信插座连接。打线柱外壳材料为聚碳酸酯，IDC 打线柱夹子材料为磷青铜，适用于 22AWG、24AWG 及 26AWG（0.64mm、0.5mm 及 0.4mm）线缆，耐用性为 350 次插拔。免打型模块，便于准确快速地完成端接，扣锁式端接帽确保导线全部端接并防止滑动。芯针触点材料为 50μm 的镀金层，耐用性为 1500 次插拔。

2. 配线端接技术原理

综合布线系统配线端接的基本原理是，将线芯用机械力量压入两个刀片中，在压入过程中刀片将绝缘护套划破与铜线芯紧密接触，同时金属刀片的弹性将铜线芯长期夹紧，从而实现长期稳定的电气连接。为模块刀片压线前后位置如图 3-76 所示。

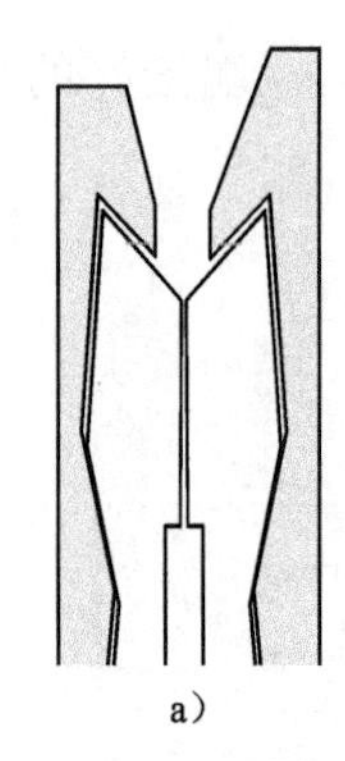

a）

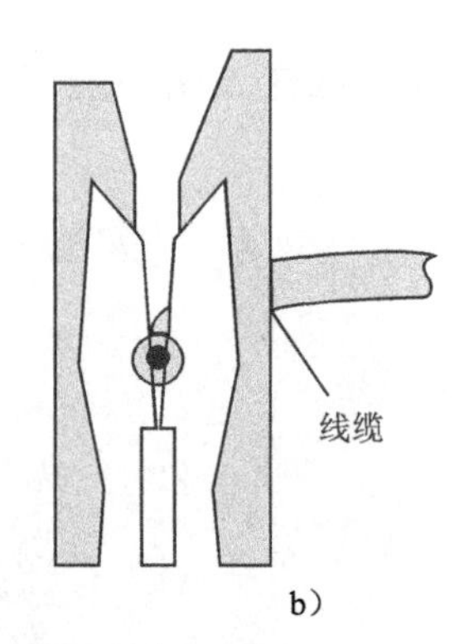

b）

图3-76　为模块刀片压线前后位置图

a）为模块刀片压线前　b）为模块刀片压线后

3.6.4　实训任务

1. RJ45 模块端接实训

（1）实训目的

1）掌握网线的色谱、剥线方法、预留长度和压接顺序。

2）掌握模块的端接原理和方法，常见端接故障的排除。

3）掌握常用工具和操作技巧。

（2）实训要求

1）完成 3 根网线的两端剥线，不允许损伤线缆铜芯，长度为 50cm。

2）完成 3 根网线的模块端接，压接线序检测正确，共端接 48 芯线，端接正确率为 100%。

3）排除端接中出现的开路、短路、跨接、反接等常见故障。

（3）实训材料和工具

1）网络压线钳、剥线器、剪刀、卷尺。

2）RJ45 模块 6 个，双绞线若干。

（4）实训安排

如图 3-77 所示，完成 RJ45 信息模块端接实训。

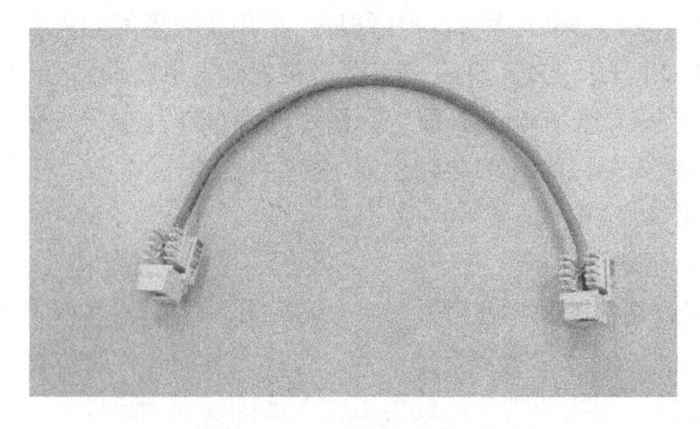

图3-77　RJ45信息模块端接

2. RJ11 模块端接实训

（1）实训目的

1）掌握电话线剥线方法、预留长度和压接顺序。

2）掌握模块的端接原理和方法，常见端接故障的排除。

3）掌握常用工具和操作技巧。

（2）实训要求

1）完成两根 4 芯电话的两端剥线，不允许损伤线缆铜芯，长度为 50cm。

2）完成两根电话线的模块端接，共端接 16 芯线，端接正确率为 100%。

3）排除端接中出现的开路、短路、跨接、反接等常见故障。

（3）实训材料和工具

1）网络压线钳、剥线器、剪刀、卷尺。

2）RJ11 模块 4 个，电话线若干。

（4）实训安排

如图 3-78 所示，完成 RJ11 信息模块端接实训。

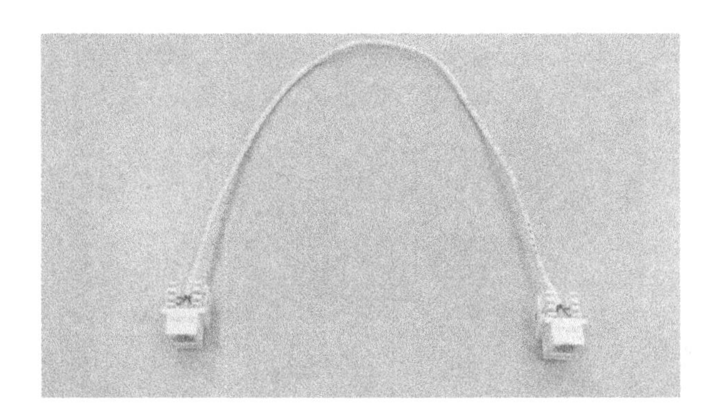

图3-78　RJ11信息模块端接

任务 7　配线架端接和安装

3.7.1　任务描述

配线架是综合布线的一种重要组件，它是实现垂直干线和水平布线两个子系统交叉连接的枢纽。配线架质量和端接的好坏，将直接影响综合布线整体的质量。网络工程中常用的配线架有双绞线配线架和光纤配线架。双绞线配线架的作用是在管理子系统中将双绞线进行交叉连接，用在管理间和设备间。光纤配线架的作用是在管理子系统中将光纤进行连接，通常，用在设备间。

3.7.2　任务实施

双绞线配线架常见的有 RJ45 配线架端接和 110 配线架两种。

1. RJ45 配线架端接

1）把双绞线从线箱中拉出，剪至适合的长度。剥除外层绝缘皮（约 5cm），用剪刀剪掉抗拉线，如图 3-79 所示。

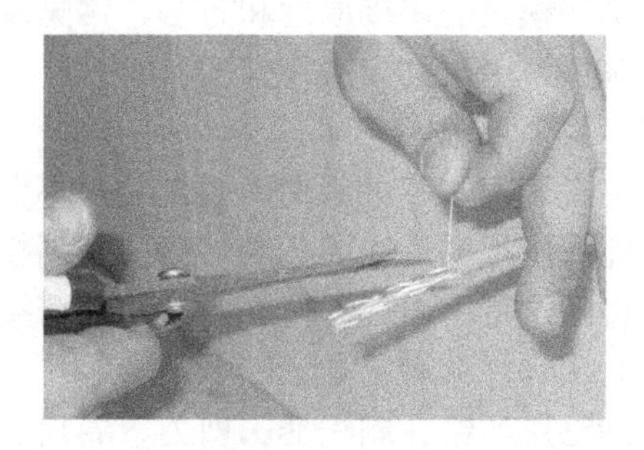

图3-79　剥线

2）将 RJ45 配线架接口向下，置于桌面、地面等较硬的平面上，如图 3-80 所示。

图3-80　RJ45配线架

3）分开网线中的 4 对线对，但线对之间不要拆开，遵照 RJ45 配线架上所指导的线序，稍稍用力将导线逐个置入相应的线槽内。通常状况下，模块上同时标志有 568A 和 568B 两种线序，用户应该依据布线设计时的规则，与其衔接装备采取相同的线序，一般为 TIA/EIA 568B 规范衔接，否则必须标注清晰。遵照 TIA/EIA 568B 规范衔接方法时，信息插座引针（脚）与双绞线电缆线对调配状况如下：线对 1（4—蓝，5—白蓝），线对 2（1—白橙，2—橙），线对 3（3—白绿，6—绿），线对 4（7—白棕，8—棕），如图 3-81 所示。

图3-81　排线

4）将打线工具的刀口对准 RJ45 配线架上的线槽和导线，垂直向下用力，听到“喀”的一声，配线架外多余的线会被剪断。重复这一操作，可将 8 条芯线逐个打入相应色彩的线槽中，如图 3-82 所示。

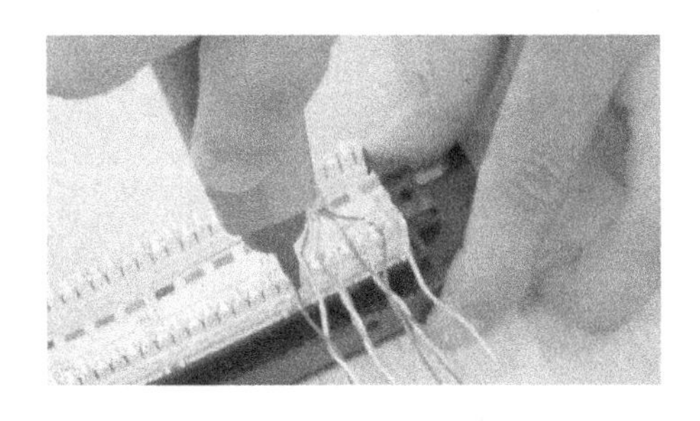

图3-82　端接

5）将端接好的双绞线理顺，用扎带将线固定于配线架上，如图 3-83 所示。

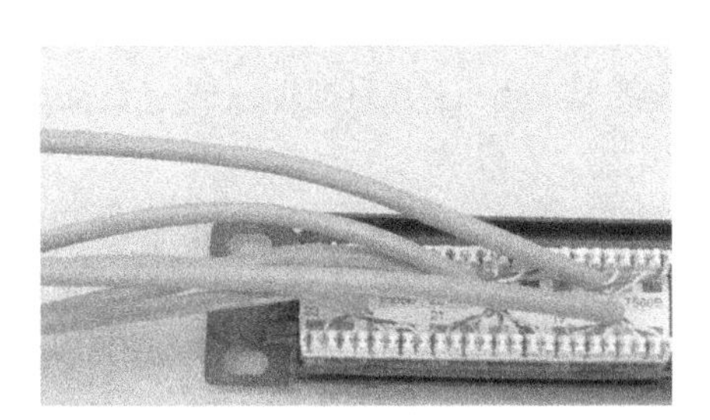

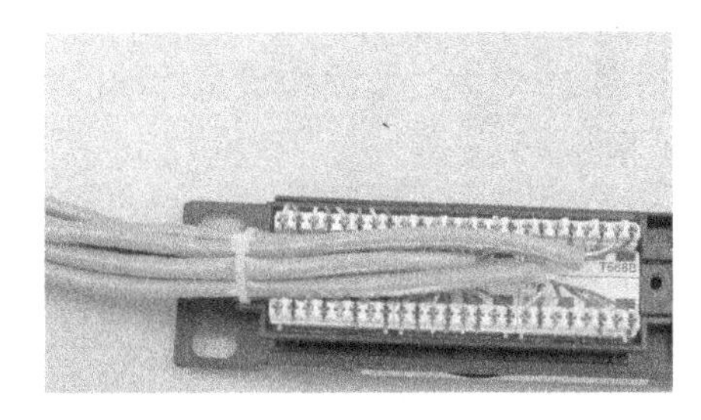

图3-83　理线

6）将固定螺母安装到机柜中，注意应从机柜中的提示标志开始上螺母，如图 3-84 所示。

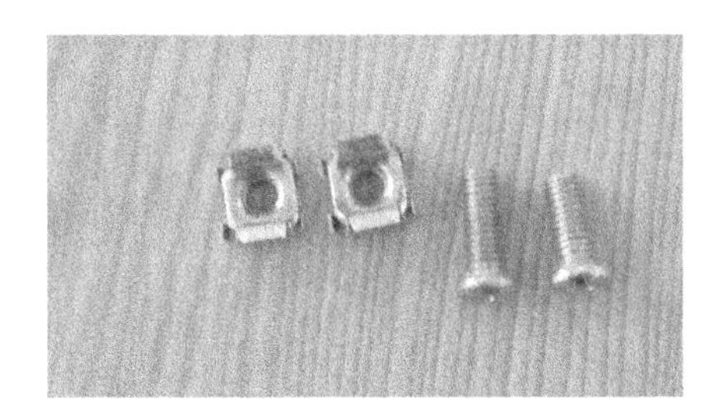

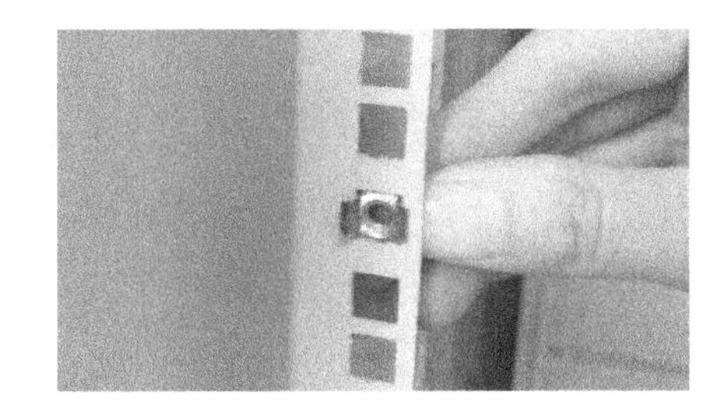

图3-84　安装机柜固定螺钉

7）将端接好的 RJ45 配线架用螺钉固定在机柜指定位置上，贴上标签，如图 3-85 所示。

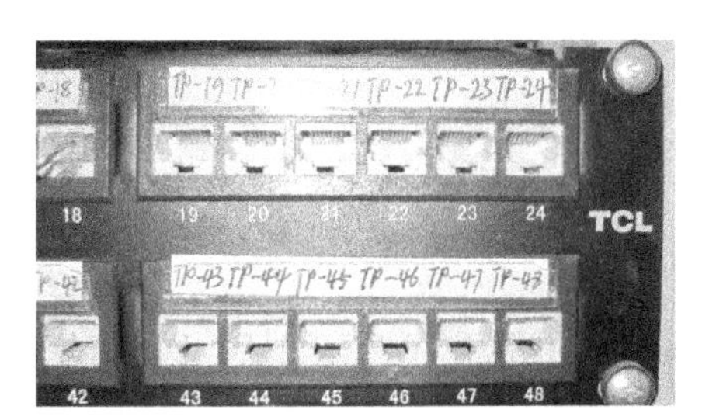

图3-85　固定配线架并贴标签

2. RJ11 配线架端接

1）将 25 对大对数电缆剪至适合的长度。剥除外层绝缘皮（约 30cm），用剪刀剪掉薄膜，如图 3-86 所示。

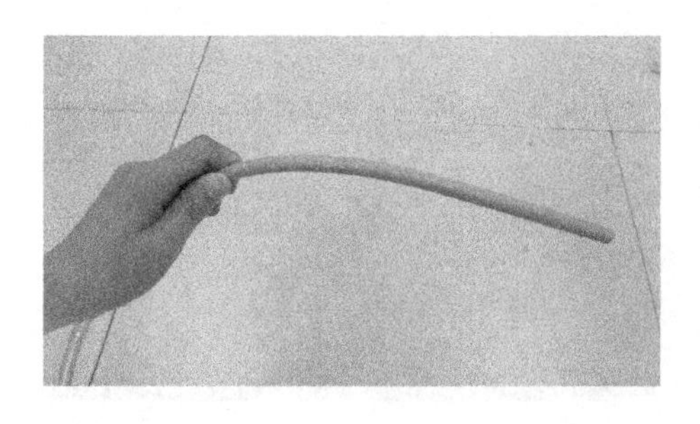

图3-86　剥线

2）将要安装的 25 对大对数线缆固定在配线架一侧，按顺序做上记号，并用扎带将其固定牢固，如图 3-87 所示。

3）根据 25 对大对数线缆国际标准的色序将线缆从左到右用手指轻压固定在配线架上，如图 3-88 所示。

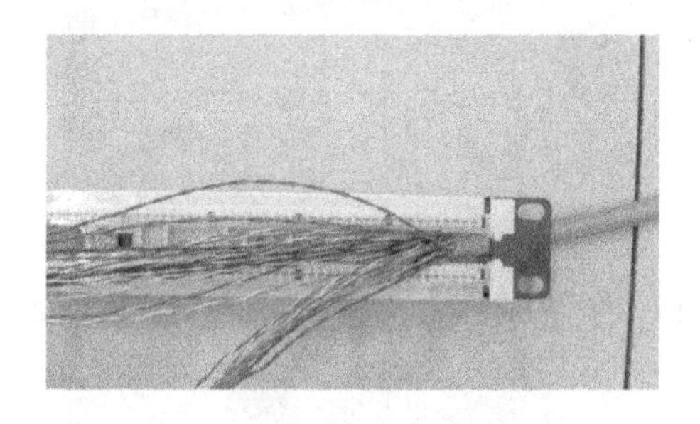

图3-87　理线

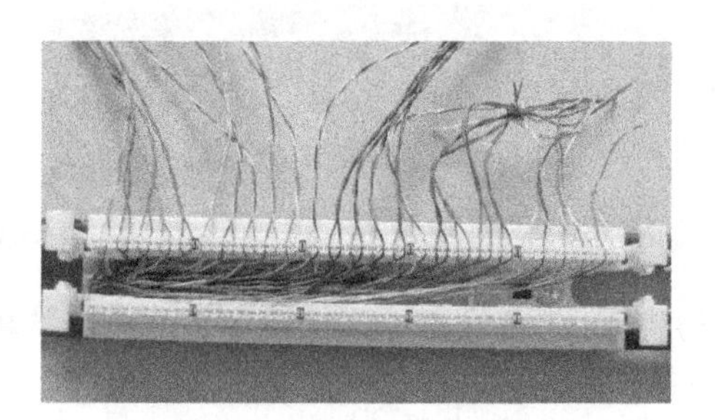

图3-88　排好线序

4）使用 5 对压接工具进行打线操作，将伸出的导线头切断，然后用锥形钩清除切下的碎线头，如图 3-89 所示。

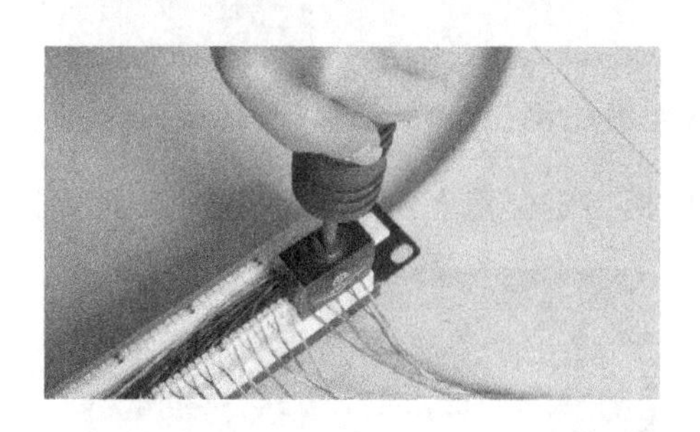

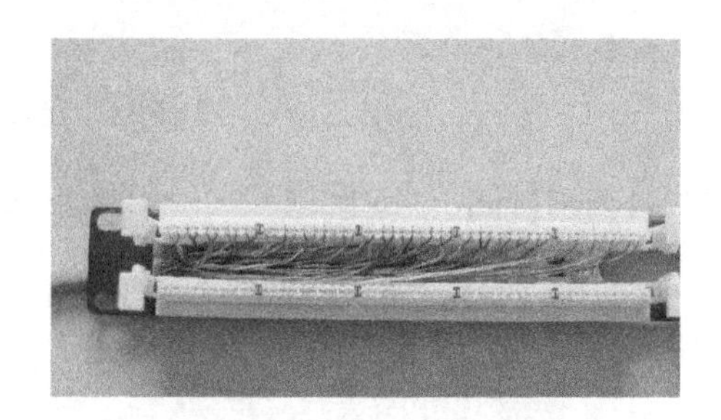

图3-89　裁线

5）将 5 对大对数连接模块从左到右固定到配线架上，连接块灰条向下，如图 3-90 所示。

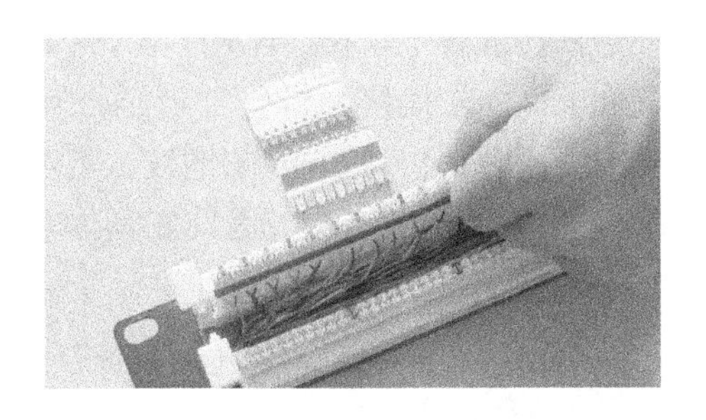
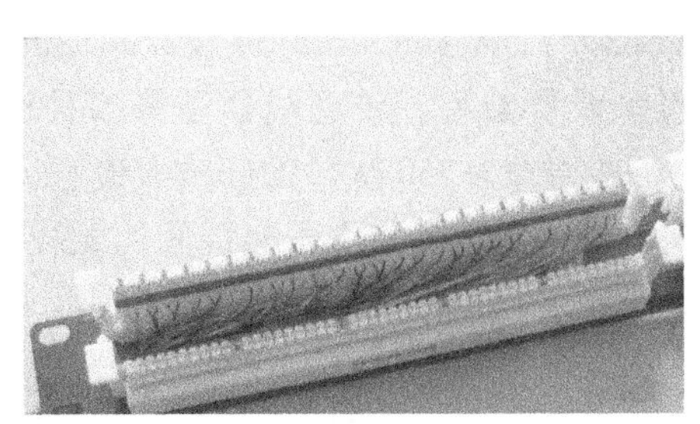

图3-90 固定大对数模块

6）使用 5 对压接工具将连接块压入，直到安装线缆的配线模块全部填满连接块为止，如图 3-91 所示。

7）将固定螺母安装到机柜中，注意应从机柜中的提示标志开始上螺钉。

8）将 110 配线架用螺钉安装在机柜指定位置上，如图 3-92 所示。

图3-91 大对数模块端接

图3-92 固定110配线架

3.7.3 知识链接

1. 配线架介绍

（1）RJ45 配线架

RJ45 配线架的作用是在管理子系统中将双绞线进行交叉连接，用于主配线间和各分配线间，如图 3-93 所示。

双绞线配线架的型号很多，每个厂商都有自己的产品系列，并且对应 3 类、5 类、超 5 类、6 类和 7 类线缆分别有不同的规格和型号，如大唐电信配线架是根据标准 ISO/IEC 11801，

TIA/EIA 568，YD/T 926.3—2009 设计制造的，安装于 19in 标准机架，结构紧凑，体积小巧，有多口类型及屏蔽型、带理线器型等多种选择，RJ45 的 8 根接触针全部镀金，其厚度为 50μin，插拔寿命＞750 次，IDC 线卡镀镍，可卡接线径为 0.4～0.6mm 的铜线，可重复卡接＞200 次，应用于设备与水平布线间的配线连接和集中点的互配端接。因此在具体项目中，应参阅产品手册，根据实际情况进行配置。

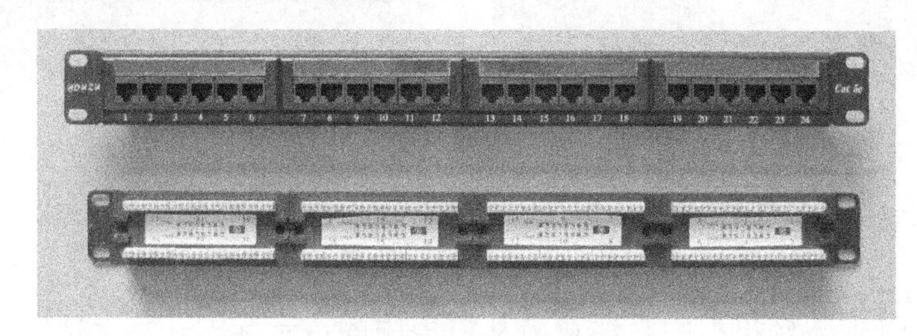

图3-93　RJ45配线架

（2）110 配线架

110 配线架作为综合布线系统的核心产品，起着传输信号的灵活转接、灵活分配以及综合统一管理的作用，又因为综合布线系统的最大特性就是利用同一接口和同一种传输介质，让各种不同信息在上面传输，而这一特性的实现主要通过连接不同信息的配线架之间的跨接来完成的，如图 3-94 所示。

图3-94　110配线架

2. 5 对连接块端接原理和方法

5 对连接块的端接原理为：在连接块下层端接时，将每根线在通信配线架底座上对应的接线口放好，用力快速将 5 对连接块向下压紧，在压紧过程中刀片首先快速划破线芯绝缘护套，然后与铜线芯紧密接触，实现刀片与线芯的电气连接，如图 3-95 所示。

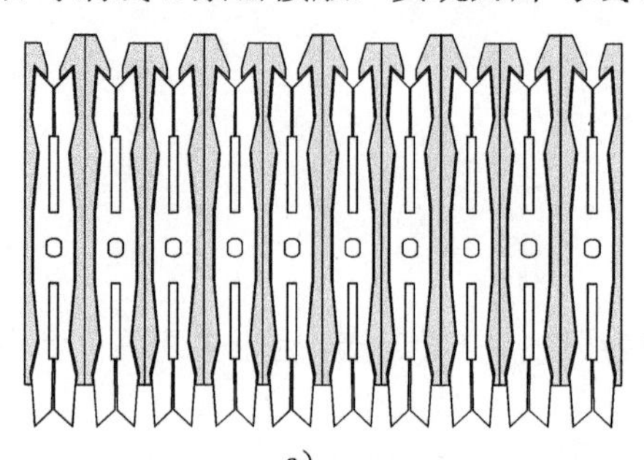

a）

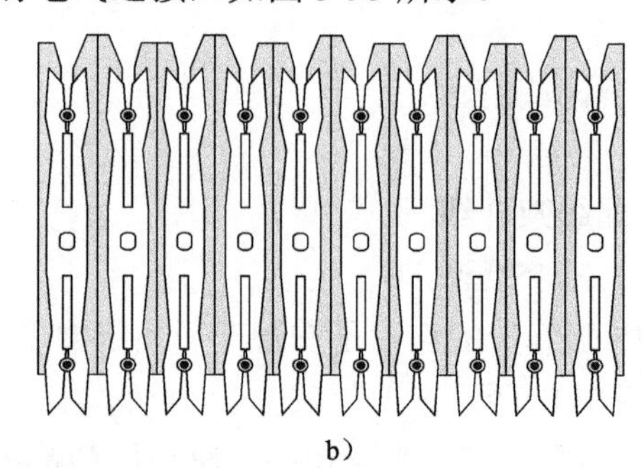

b）

图3-95　5对连接模块在压接前后的结构

a）压接前　b）压接后

3.7.4　实训任务

1. RJ45 配架端+RJ45 水晶头端接实训

（1）实训目的

1）熟练掌握 RJ45 网络配线架端接及水晶头压接的方法。

2）掌握 RJ45 配线架模块端接的原理和方法。

3）掌握常用工具和操作技巧。

（2）实训要求

1）完成 6 根网线的两端剥线，不允许损伤线缆铜芯，长度为 50cm。

2）完成 6 根网线的端接，一端为 RJ45 水晶头端接，另一端为 RJ45 配线架模块的端接。

3）端接正确率 100%。排除端接中出现的开路、短路、跨接、反接等常见故障。

（3）实训材料和工具

1）网络压线钳、打线钳、剥线器、剪刀、卷尺。

2）RJ45 配线架 1 个，水晶头 10 颗，双绞线若干。

（4）实训安排

如图 3-96 所示，完成 RJ45 配架端+RJ45 水晶头端接实训。

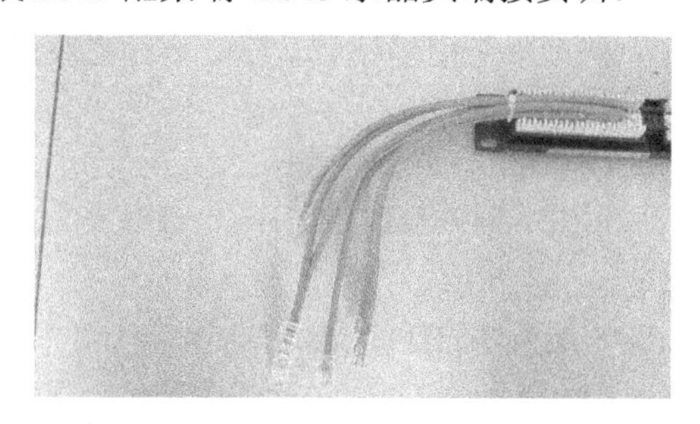

图3-96　RJ45配架端+RJ45水晶头端接

2. RJ45 配架端+RJ45 信息模块端接实训

（1）实训目的

1）熟练掌握 RJ45 网络配线架和模块端接的方法。

2）掌握 RJ45 配线架模块端接的原理和方法。

3）掌握常用工具和操作技巧。

（2）实训要求

1）完成 6 根网线的两端剥线，不允许损伤线缆铜芯，长度为 50cm。

2）完成 6 根网线的端接，一端为 RJ45 模块端接，另一端为 RJ45 配线架模块的端接。

3）端接正确率为 100%，排除端接中出现的开路、短路、跨接、反接等常见故障。

（3）实训材料和工具

1）网络压线钳、打线钳、剥线器、剪刀、卷尺。

2）RJ45 配线架 1 个，RJ45 模块 6 个，水晶头 4 颗，双绞线若干。

（4）实训安排

如图 3-97 所示，完成 RJ45 配架端+RJ45 信息模块端接实训。

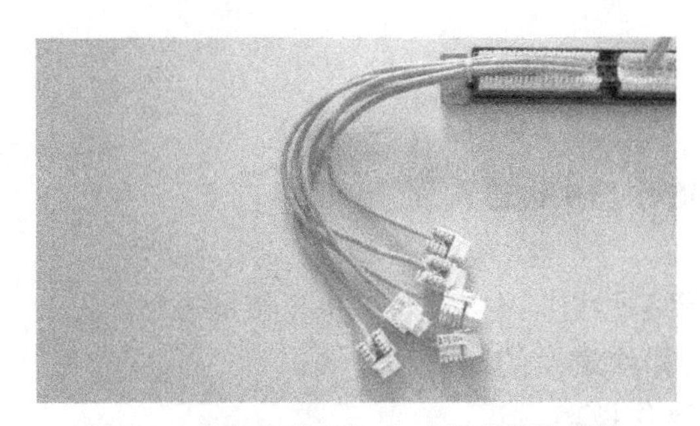

图3-97　RJ45配架端+RJ45信息模块端接

3. RJ45 配架端+RJ45 配线架端接实训

（1）实训目的

1）熟练掌握 RJ45 网络配线架模块端接压接的方法。

2）掌握 RJ45 配线架模块端接的原理和方法。

3）掌握常用工具和操作技巧。

（2）实训要求

1）完成 6 根网线的两端剥线，不允许损伤线缆铜芯，长度为 50cm。

2）完成 6 根网线在两个 RJ45 配线架间的端接。

3）端接正确率为 100%，排除端接中出现的开路、短路、跨接、反接等常见故障。

（3）训材料和工具

1）网络压线钳、打线钳、剥线器、剪刀、卷尺。

2）RJ45 配线架 2 个，水晶头 4 颗，双绞线若干。

（4）实训安排

如图 3-98 所示，完成 RJ45 配架端+RJ45 配线架端接实训。

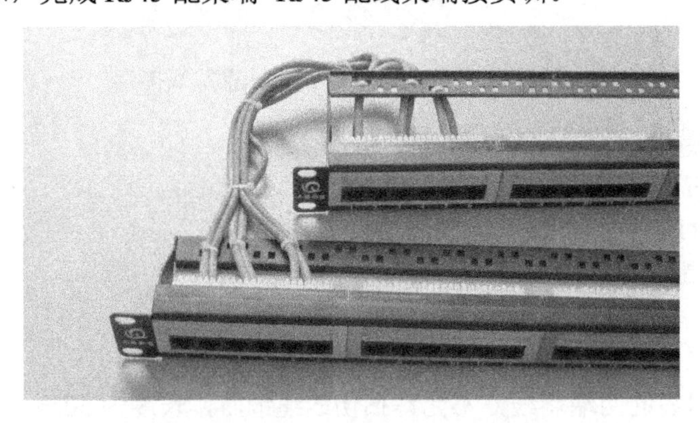

图3-98　RJ45配架端+RJ45配线架端接

4. RJ110 配线架端接实训

（1）实训目的

1）熟练掌握 110 通信配线架模块端接的方法。

2）掌握 110 通信配线架模块端接的原理和方法。

3）掌握常用工具和操作技巧。

（2）实训要求

1）完成 1 组 25 对大对数线缆在 110 配线架的端接，且在上端打上 5 对大对数模块。

2）排除端接中出现的开路、短路、跨接、反接等常见故障。

（3）实训材料和工具

1）5 对 110 打线钳、剥线器、剪刀、卷尺。

2）110 配线架 1 个，5 对大对数模块 5 个，25 对大对数线若干。

（4）实训安排

如图 3-99 所示，完成 RJ110 配线架端接实训。

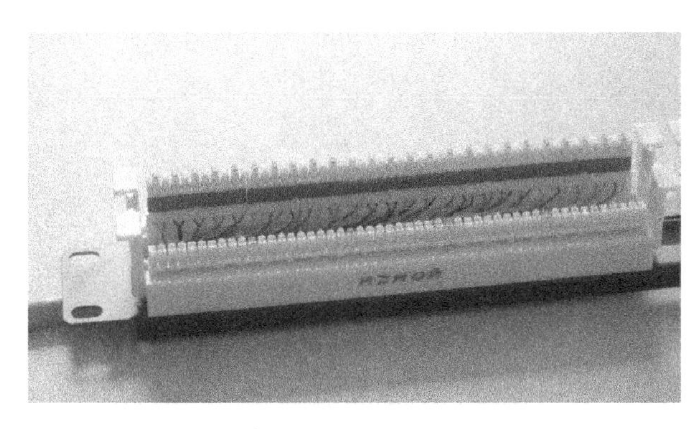

图3-99　RJ110配线架端接

5. 永久链路端接实训

（1）实训目的

1）掌握网络永久链路。

2）掌握网络跨接线的制作方法和技巧。

3）掌握网络配线架的端接方法。

4）熟悉掌握网络端接常用工具和操作技巧。

（2）实训要求

1）完成两组永久链路端接练习。

2）完成网线的两端剥线，不允许损伤线缆铜芯，长度为 50cm。

3）完成网线在 RJ45 配线架和 110 配线架的端接。

4）端接正确率为 100%，排除端接中出现的开路、短路、跨接、反接等常见故障。

（3）实训材料和工具

1）网络压线钳、5 对 110 打线钳、剥线器、剪刀、卷尺。

2）RJ45 配线架 1 个，110 配线架 1 个，水晶头 6 颗，5 对大对数模块 2 个，双绞线若干。

（4）实训安排

如图 3-100 所示，按照实训步骤完成永久链路端接实训。

（5）实训步骤

1）准备材料和工具。

2）按照 RJ45 水晶头的制作方法，制作第 1 根网络跨接线。

3）把第 2 根网线一端按照 TIA/EIA 568B 线序端接在网络配线架模块中，另一端端接在 110 通信配线架下层，并且压接好 5 对连接块。

4）把第 3 根网线一端端接好 RJ45 水晶头，插在测试仪上部的 RJ45 口中，另一端端接在 110 通信配线架模块上层，端接时对应指示灯直观显示线序和电气连接情况。完成上述步骤就形成了有 6 次端接的一个永久链路，如图 3-100 所示。

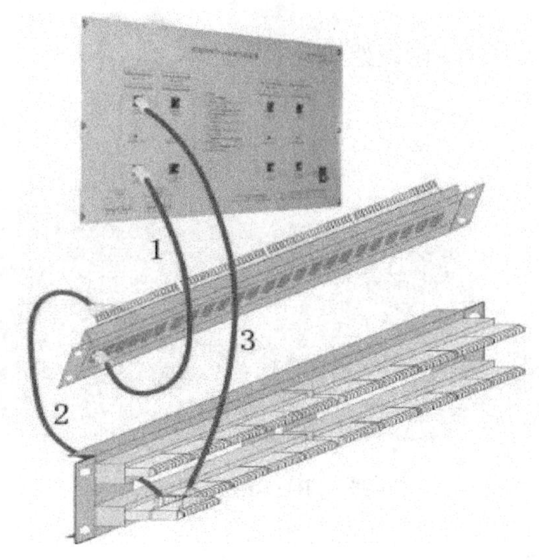

图3-100　永久链路

5）压接好模块后，这时用测线仪进行链路测试，对应的 8 个指示灯依次闪烁，显示线序和电气连接情况。

6. 永久复杂链路端接实训

（1）实训目的

1）掌握网络永久复杂链路。

2）掌握网络跨接线的制作方法和技巧。

3）掌握网络配线架的端接方法。

4）熟悉掌握网络端接的常用工具和操作技巧。

（2）实训要求

1）完成 2 组永久复杂链路端接练习。

2）完成网线的两端剥线，不允许损伤线缆铜芯，长度适中。

3）完成网线在 RJ45 配线架和 110 配线架的端接。

4）端接正确率为 100%，排除端接中出现的开路、短路、跨接、反接等常见故障。

（3）实训材料和工具

1）网络压线钳、5 对 110 打线钳、剥线器、剪刀、卷尺。

2）RJ45 配线架 2 个，110 配线架 2 个，水晶头 8 颗，5 对大对数模块 4 个，双绞线若干。

（4）实训安排

如图 3-101 所示，按照实训步骤完成永久复杂链路端接实训。

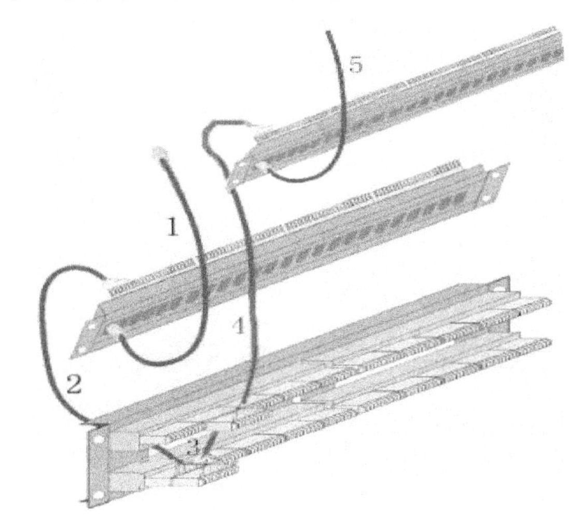

图3-101　永久复杂链路

（5）实训步骤

1）准备材料和工具。

2）按照 RJ45 水晶头的制作方法，制作第 1 根网络跳线。

3）把第 2 根网线一端按照 TIA/EIA 568B 线序端接在 RJ45 配线架模块中，另一端端接在 110 通信配线架下层，并且压接好 5 对连接块。

4）把第 3 根网线一端端接在 5 对连接块上层，另一端端接在 110 通信配线架模块下层。

5)把第 4 根网线一端端接在 5 对连接块上层,另一端按照 TIA/EIA 568B 线序端接在 RJ45 配线架。

6）按照 RJ45 水晶头的制作方法，制作第 2 根网络跨接线。压接好模块后，这时用测线仪进行链路测试，对应的 8 个指示灯依次闪烁，显示线序和电气连接情况。

任务 8　熟悉光纤熔接技术

3.8.1　任务描述

利用光信号在光纤中的传输，可以有效提高链路的传输速率。光信号需要在一个完整而可靠的光纤通道中才能有效地进行传输，如何制作并保证一条高质量的光纤通道则是每一位综合布线从业人员从事光纤布线操作时必须掌握的一项基本技能。

3.8.2　任务实施

1. 室内光缆熔接

室内光缆熔接的过程和步骤如下：

1）将光缆固定到接续盒内，使用专用开剥工具，将光缆外护套开剥长度约 0.5m（在开剥光缆之前应去除施工时受损变形的部分），如图 3-102 所示。

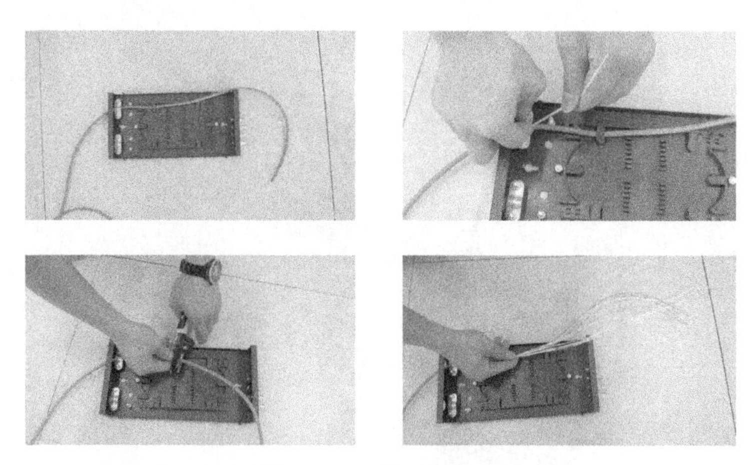

图3-102　剥离光纤外皮

2）将不同束管、不同颜色的光纤分开，穿过热缩管。剥去涂覆层的光纤很脆弱，使用热缩管，可以保护光纤熔接头，如图 3-103 所示。

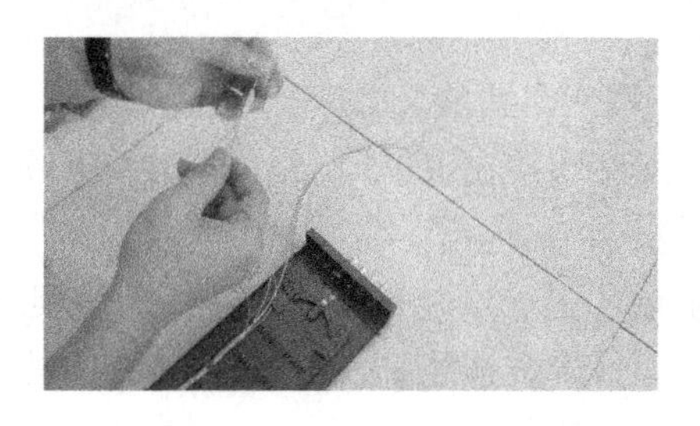

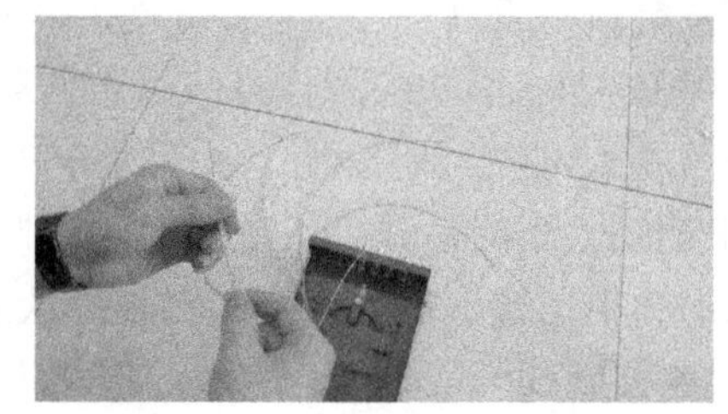

图3-103　穿热缩管

3）光纤端面制作的好坏将直接影响光纤对接后的传输质量，所以在熔接前一定要做好熔接光纤的端面。首先用光纤熔接机配置的光纤专用剥线钳剥去光纤纤芯上的涂覆层，再用沾酒精的清洁棉在裸纤上擦拭几次，用力要适度，如图 3-104 所示，然后用精密光纤切割刀切割光纤，切割长度一般为 15~20mm。如图 3-105 所示，依次将要熔接的光纤切割好。

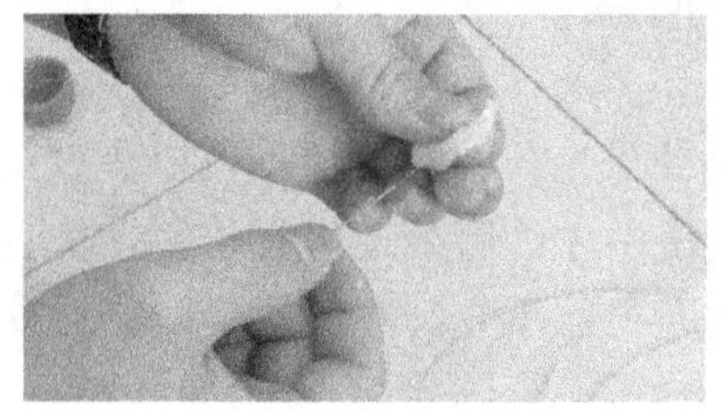

图3-104　剥纤

4）打开熔接机电源，设置光纤熔接模式，将切割好的光纤分别放在熔接机左右两边的 V 形槽中，小心压上光纤压板和光纤夹具，要根据光纤切割长度设置光纤在压板中的位置，一般将对接的光纤的切割面基本都靠近电极尖端位置。关上防风罩，按“RUN”键即可自动完成熔接。需要的时间一般根据使用的熔接机而不同，一般需要 8~10s。光纤熔接如图 3-106 所示。

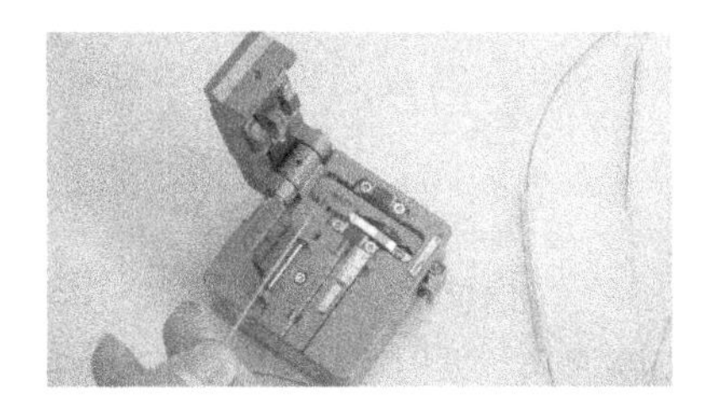
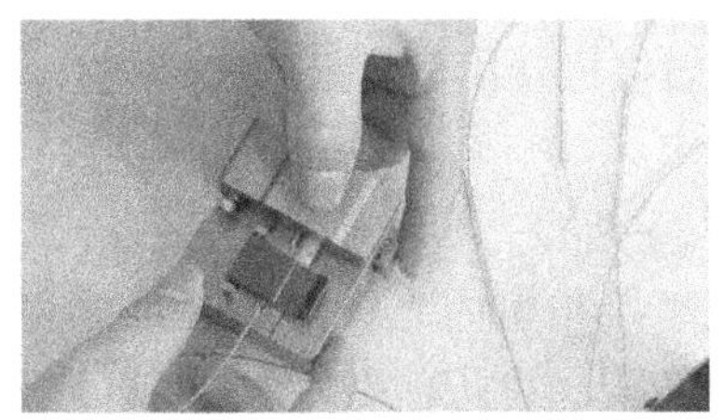

图3-105　光纤切割

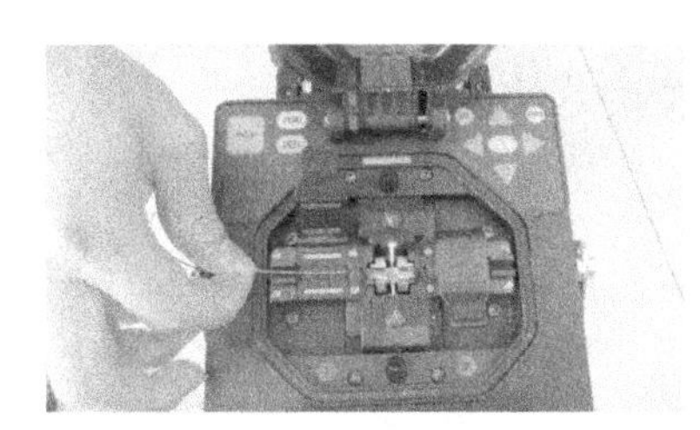
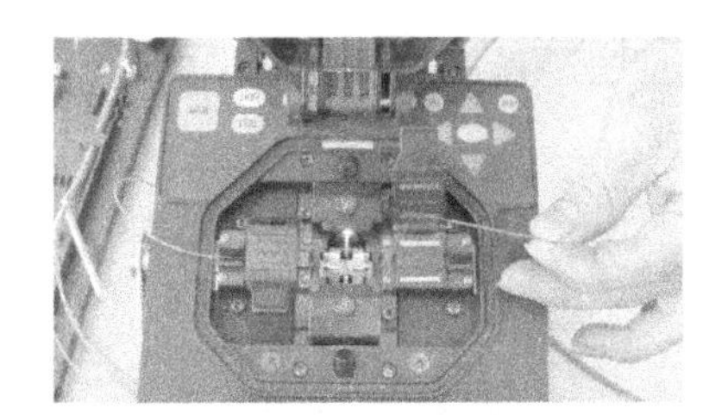
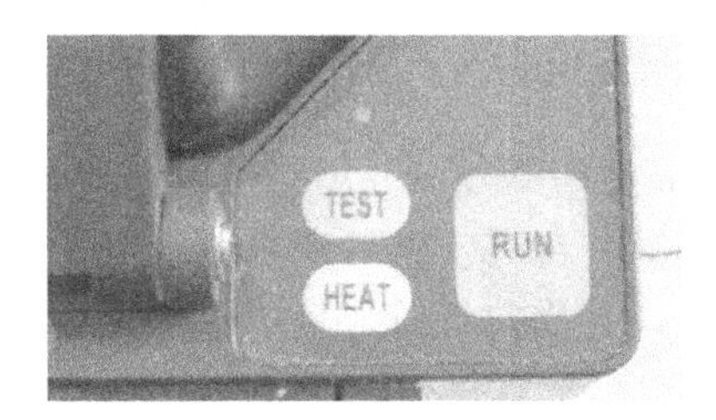

图3-106　光纤熔接

5）找开防风罩，从熔接机上取出光纤，将热缩管放在裸纤中间，再放到加热器中加热。加热器可使用 20mm 微型热缩套管和 40mm 及 60mm 一般热缩套管，20mm 热缩管需 40s，60mm 热缩管需 85s，如图 3-107 所示。

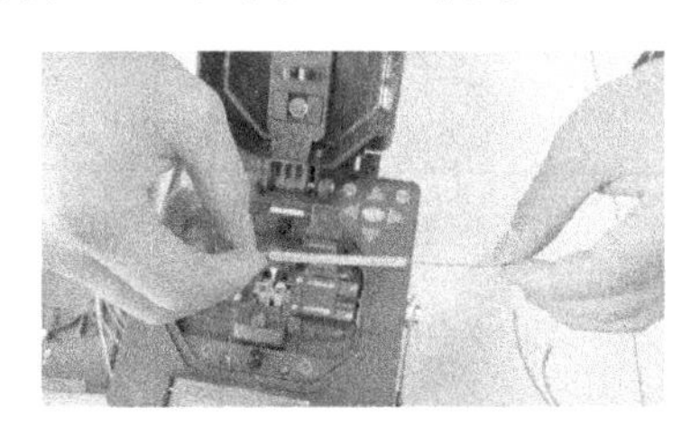
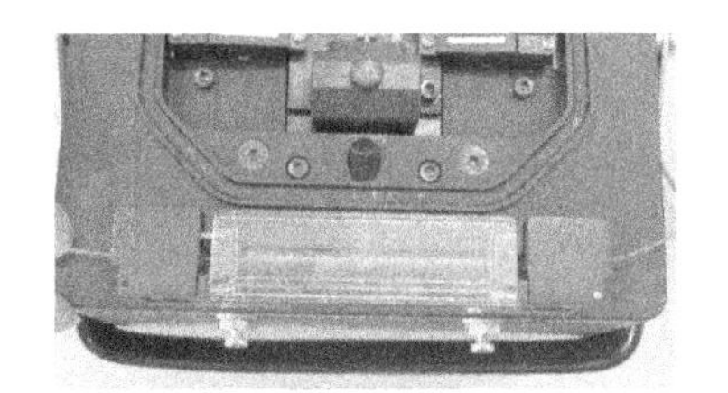
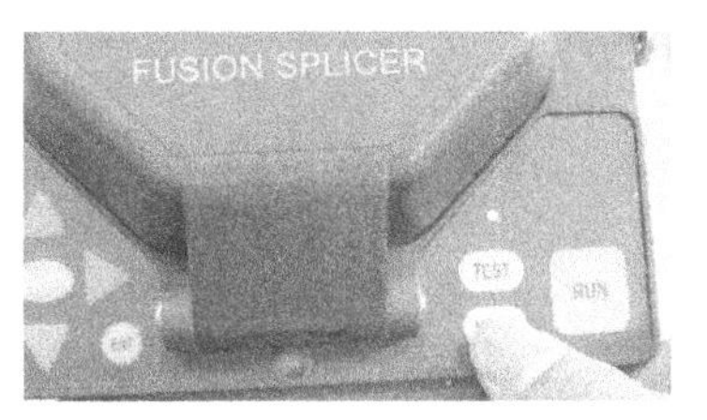

图3-107　加热

6）将接续好的光纤盘到光纤收容盘内，在盘纤时，盘圈的半径越大，弧度越大，整个线路的损耗越小。所以一定要保持一定的半径，使激光在光纤传输时，避免产生一些不必要的损耗。

小提示：熔接机使用后应及时去除熔接机中的灰尘，特别是夹具、各镜面和 V 形槽内的粉尘和光纤碎末。

2. 室外光缆熔接

室外光缆熔接与室内光缆熔接的步骤和方法基本相同，只不过室外光纤的拉伸强度较大，保护层较厚重，并且通常为铠装（即金属皮包裹），两根平行钢丝保证光缆的拉伸强度，因此光缆外护套较难剥离。室外光缆接续的过程和步骤如下：

1）将光缆放到接续盒内，使用专用开剥工具，将光缆外铠甲护套开剥长度 80cm 左右（在开剥光缆之前应去除施工时受损变形的部分），如图 3-108 所示。

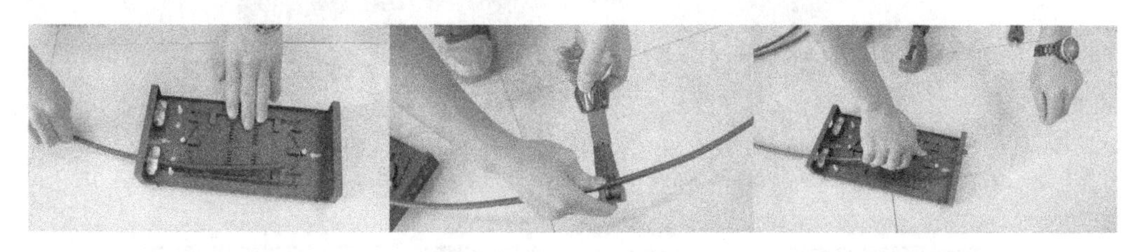

图3-108 剥离光纤铠甲

2）剥离光缆外铠甲护套，在离剥口处约 8cm 剪断钢丝，并用钢丝将光纤固定在螺钉上。用专用剥线钳将内部白色套管剥离，用纸巾将覆盖在纤芯上的油脂擦拭干净，将不同颜色的纤芯分开，穿过热缩管，剥去套管的光纤很脆弱，使用热缩管，可以保护光纤熔接头。擦拭光纤如图 3-109 所示。

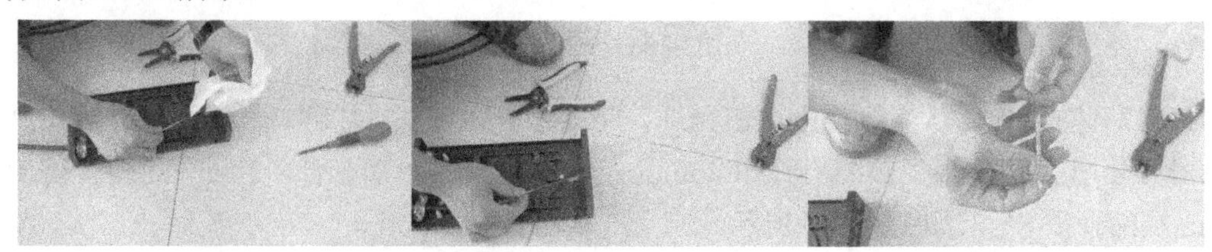

图3-109 擦拭光纤

3）用光纤熔接机配置的光纤专用剥线钳剥去光纤纤芯上的涂覆层，再用沾酒精的清洁棉在裸纤上擦拭几次，用力要适度，如图 3-110 所示，然后用精密光纤切割刀切割光纤，切割长度一般为 15~20mm。如图 3-111 所示，依次将要熔接的光纤切割好。

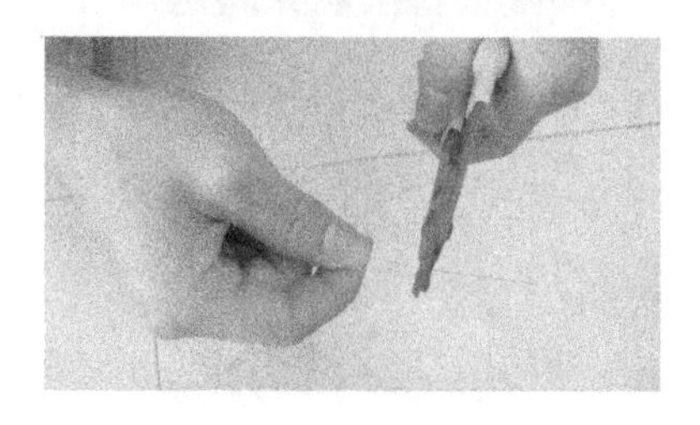

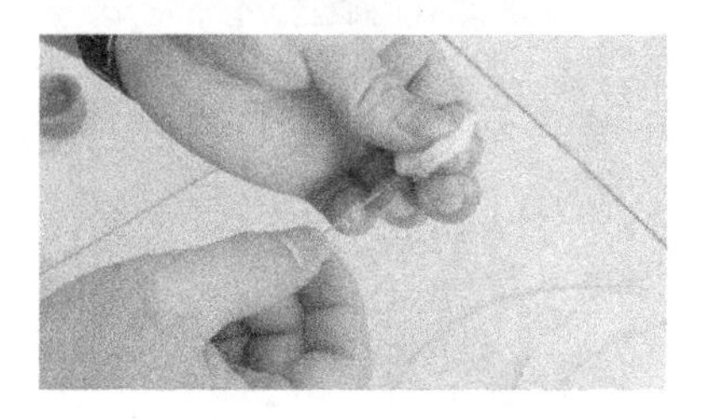

图3-110 剥纤

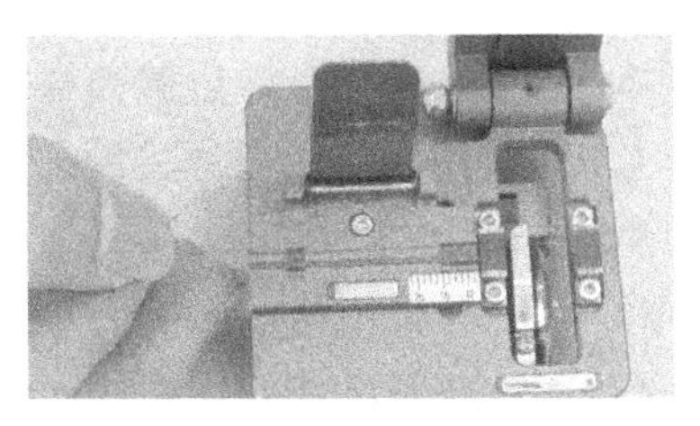
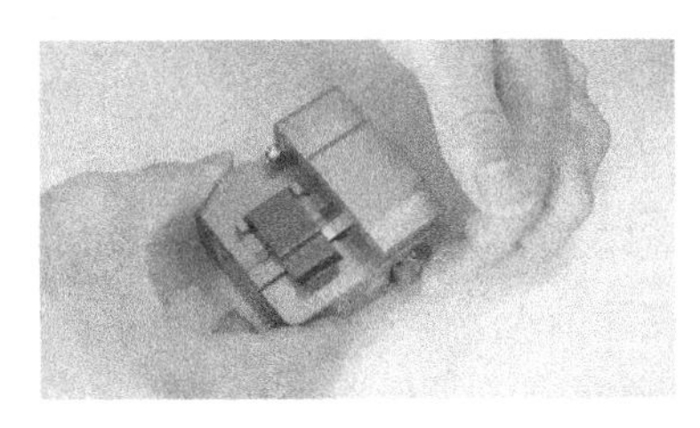

图3-111 光纤切割

4）打开熔接机电源，设置光纤熔接模式，将切割好的光纤分别放在熔接机左右两边的V形槽中，小心压上光纤压板和光纤夹具，要根据光纤切割长度设置光纤在压板中的位置，一般将对接的光纤的切割面基本都靠近电极尖端位置。关上防风罩，按“RUN”键即可自动完成熔接。需要的时间一般根据使用的熔接机而不同，一般需要8~10s。光纤熔接如图3-112所示。

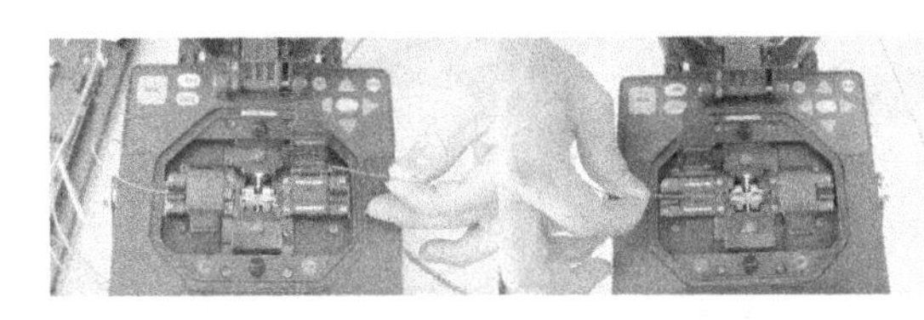
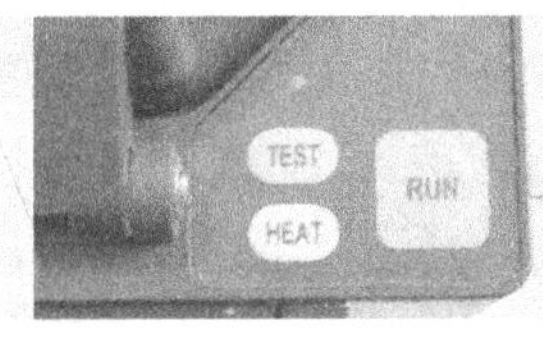

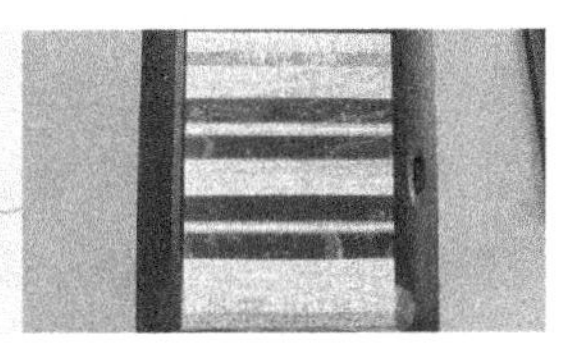

图3-112 光纤熔接

5）找开防风罩，从熔接机上取出光纤，将热缩管放在裸纤中间，再放到加热器中加热。加热器可使用20mm微型热缩套管和40mm及60mm一般热缩套管，20mm热缩管需40s，60mm热缩管需85s，如图3-113所示。

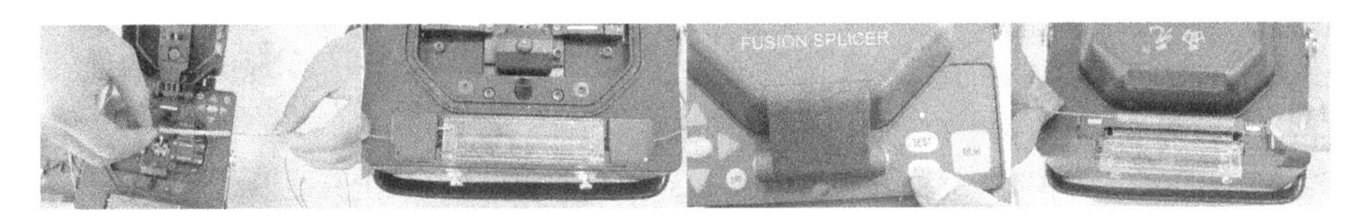

图3-113 加热

6）将接续好的光纤盘到光纤收容盘内，在盘纤时，盘圈的半径越大，弧度越大，整个线路的损耗越小。所以一定要保持一定的半径，使激光在光纤传输时，避免产生一些不必要的损耗。

3. 盘纤

盘纤是一门技术，也是一门艺术。科学的盘纤方法，可使光纤布局合理、附加损耗小、经得住时间和恶劣环境的考验，可避免挤压造成的断纤现象。盘纤的具体步骤如下：

1）先中间后两边，即先将热缩后的套管逐个放置于固定槽中，然后再处理两侧余纤。优点是有利于保护光纤接点，避免盘纤可能造成的损害。在光纤预留盘空间小，光纤不易盘绕和固定时，常用此种方法。

2）以一端开始盘纤，即从一侧的光纤盘起，固定热缩管，然后再处理另一侧余纤。优点：可根据一侧余纤长度灵活选择余下套管安放位置，方便、快捷，可避免出现急弯、小圈现象。

3）特殊情况的处理，如个别光纤过长或过短时，可将其放在最后单独盘绕；带有特殊光器件时，可将其另盘处理，若与普通光纤共盘时，应将其轻置于普通光纤之上，两者之间加缓冲衬垫，以防挤压造成断纤，且特殊光器件尾纤不可太长。

4）根据实际情况，采用多种图形盘纤。按光纤的长度和预留盘空间大小，顺势自然盘绕，切勿生拉硬拽，应灵活地采用圆、椭圆、“CC”多种图形盘纤（注意 $R \geqslant 4cm$），尽可能最大限度利用预留盘空间和有效降低因盘纤带来的附加损耗。

3.8.3 知识链接

1. 光缆概述

（1）光缆结构

光缆是一种通信电缆，由两个或多个石英玻璃或塑料光纤芯组成，这些光纤芯位于保护性的覆层内，由塑料 PVC 外部套管覆盖。沿内部光纤进行的信号传输一般使用红外线。光缆通信是现代信息传输的重要方式之一。它具有容量大、中继距离长、保密性好、不受电磁干扰和节省铜材等优点。其结构如图 3-114 所示。

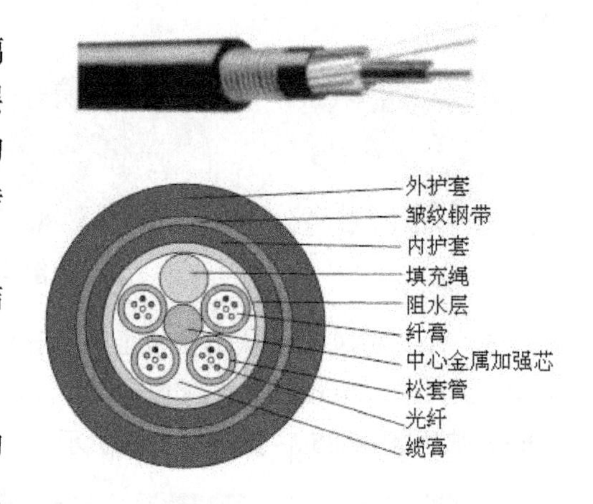

图3-114　光缆及其结构

（2）光纤的种类

光纤是由中心的纤芯和外围的包层同轴组成的双层同心圆柱体。纤芯的作用是导光，因其质地脆、易断裂，因此纤芯需要外加一层保护层。光纤主要有两大类，即单模光纤和多模光纤。

1）单模光纤。单模光纤的纤芯直径很小，在给定的工作波长上只能以单一模式传输，传输频带宽，传输容量大。光信号可以沿着光纤的轴向传播，因此光信号的损耗很小，离散也很小，传播的距离较远。单模光纤偏振色散（PMD）规范建议芯径为 8~10 μm，包括包层直径为 125 μm。

2）多模光纤。多模光纤是在给定的工作波长上，能以多个模式同时传输的光纤。多模光纤的纤芯直径一般为 50～200 μm，而包层直径的变化范围为 125～230 μm，计算机网络用纤芯直径为 62.5 μm，包层为 125 μm，也就是通常所说的 62.5 μm。与单模光纤相比，多模光纤的传输性能要差。户外布线大于 2km 时可选用单模光纤。在导入波长上分单模 1310nm、1550nm；多模 850nm、1300nm。

室内/室外光缆有 4 芯、6 芯、8 芯、12 芯、24 芯、32 芯。

（3）光纤的传输特点

由于光纤是一种传输媒介，它可以像一般铜缆线，传送电话通话或计算机数据等资料，所不同的是，光纤传送的是光信号而非电信号，光纤传输具有同轴电缆无法比拟的优点而成为远距离信息传输的首选设备。因此，光纤具有很多独特的优点：传输损耗低；传输频带宽；

抗干扰性强；安全性能高；重量轻，机械性能好；光纤传输寿命长。

（4）光纤的机械特性

光纤的机械特性主要包括耐侧压力、抗拉、弯曲及扭绞性能等，使用者最关心的是拉伸强度，目前光纤的拉伸强度为600～800g。

（5）吹光纤敷设技术

“吹光纤”即预先在建筑群中敷设特制的管道，在实际需要采用光纤进行通信时，再将光纤通过压缩空气吹入管道。吹光纤系统由微管和微管组、吹光纤、附件和安装设备组成。

1）微管和微管组。吹光纤的微管有两种规格：5mm和8mm（外径）管。所有微管外皮均采用阻燃、低烟、不含卤素的材料，在燃烧时不会产生有毒气体，符合国际标准的要求。

在进行楼内或楼间光纤布线时，可先将微管在所需线路上布置但不将光纤吹入，只有当实际真正需要光纤通信时，才将光纤吹入微管并进行端接。微管路由的变更也非常简便，只需将要变更的微管切断，再用微管连接头进行拼接，即可方便地完成对路由的修改、封闭和增加。

2）吹光纤。吹光纤有多模62.5/125、50/125和单模三类，每一根微管可最多容纳4根不同种类的光纤，由于光纤表面经过特别处理并且重量极轻每芯每米0.23g，因而吹制的灵活性极强。在吹光纤安装时，对于最小弯曲半径25mm的弯度，在允许范围内最多可有300个90°弯曲。吹光纤表面采用特殊涂层，在压缩空气进入空管时，光纤可借助空气动力悬浮在空管内向前飘行。另外，由于吹光纤的内层结构与普通光纤相同，因此光纤的端接程序和设备与普通光纤一样。

3）附件。包括19in光纤配线架、跳线、墙上及地面光纤出线盒、用于微管间连接的陶瓷接头等。

4）安装设备。IM2000由两个手提箱组成，总净重量不到35kg，便于携带，如图3-115所示。该设备通过压缩空气将光纤吹入微管，吹制速度可达到40m/min。

图3-115　吹光纤设备IM2000

小提示：通常光纤与光缆两个名词会被混淆，光纤在实际使用前外部由几层保护结构包覆，包覆后的缆线即被称为光缆。外层的保护结构可防止恶劣环境对光纤的伤害，如水、火、电击等。光缆包括光纤、缓冲层及披覆。

2. 光纤通信系统简述

（1）光纤通信系统

光纤通信系统是以光波为载体、光导纤维为传输介质的通信方式，起主导作用的是光源、光纤、光发送机和光接收机。

1）光源：光源是光波产生的根源。

2）光纤：光纤是传输光波的导体。

3）光发送机：光发送机负责产生光束，将电信号转变成光信号，再把光信号导入光纤。

4）光接收机：光接收机负责接收从光纤上传输过来的光信号，并将它转变成电信号，经解码后再作相应处理。

（2）光端机

在远程光纤传输中，光缆对信号的传输影响很小，光纤传输系统的传输质量主要取决于光端机的质量，因为光端机负责光电转换以及光发射和光接收，它的优劣直接影响整个系统。其外观如图 3-116 所示。

图3-116　光端机

光纤接口是用来连接光纤线缆的物理接口，通常有 SC、ST、FC 等几种类型。

3. 光纤传输原理

光波在光纤中的传播过程是利用光的折射和反射原理来进行，一般来说，光纤芯子的直径要比传播光的波长高几十倍以上，因此利用几何光学的方法定性分析是足够的，而且对问题的理解也很简明、直观。

4. 光纤熔接技术原理

光纤连接采用熔接方式。熔接是通过将光纤的端面熔化后将两根光纤连接到一起，这个过程与金属线焊接类似，通常要用电弧来完成。熔接的示意图如图 3-117 所示。

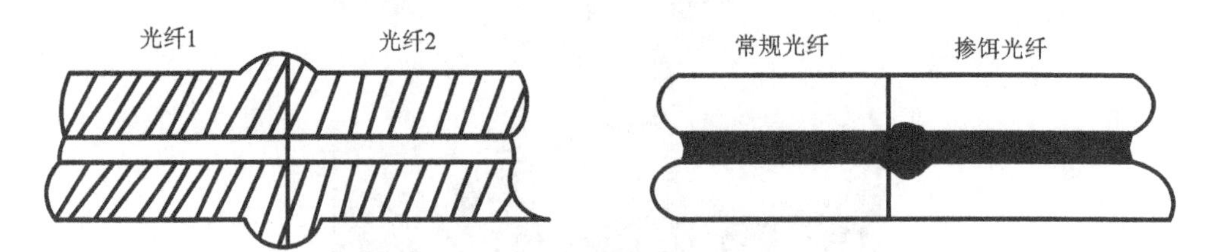

图3- 117　光纤熔接示意图

熔接连接光纤不产生缝隙，因此不会引入反射损耗，入射损耗也很小，在 0.01~0.15dB。在光纤进行熔接前，要把它的涂敷层剥离。机械接头本身是保护连接的光纤的护套，但熔接在连接处却没有任何的保护。因此，熔接光纤设备包括重新涂敷器，它涂敷熔接区域。作为选择的另一种方法是使用熔接保护套管。它们是一些分层的小管，其基本结构和通用尺寸如图 3-118 所示。

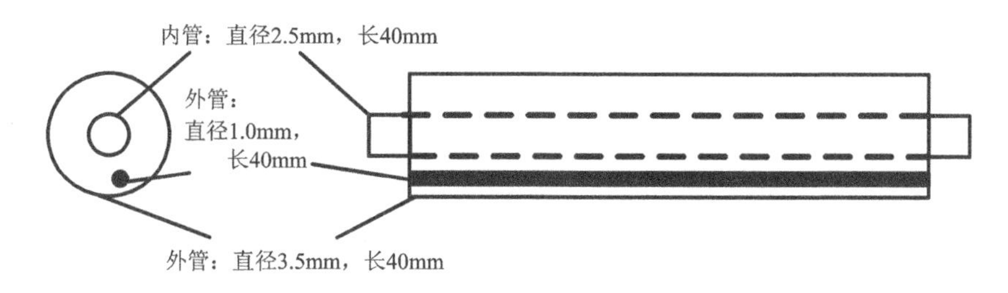

图3-118 光纤熔接保护套管的基本结构和通用尺寸

将保护套管套在接合处，然后对它们进行加热。内管是由热缩材料制成的，因此这些套管就可以牢牢地固定在需要保护的地方，加固件可避免光纤在这一区域受到弯曲。

5. 光纤连接器

光纤连接器的主要用途是用以实现光纤的接续。现在已经广泛应用在光纤通信系统中的光纤连接器，其种类众多、结构各异。但细究起来，各种类型的光纤连接器的基本结构却是一致的，即绝大多数的光纤连接器一般采用高精密组件（由两个插针和一个耦合管共 3 个部分组成）实现光纤的对准连接。

按连接头的结构型式可分为 FC、SC、ST、LC、D4. DIN、MU、MT 等。其中，ST 连接器通常用于布线设备端，如光纤配线架、光纤模块等；而 SC 和 MT 连接器通常用于网络设备端。

（1）FC 型光纤连接器

这种连接器最早是由日本 NTT 公司研制。FC 是 Ferrule Connector 的缩写，表明其外部加强方式是采用金属套，紧固方式为螺钉扣。最早，FC 型的连接器，采用的陶瓷插针的对接端面是平面接触方式（FC）。此类连接器结构简单、操作方便、制作容易，但光纤端面对微尘较为敏感，且容易产生菲涅尔反射，提高回波损耗性能较为困难。后来，对该类型连接器做了改进，采用对接端面呈球面的插针（PC），而外部结构没有改变，使得插入损耗和回波损耗性能有了较大幅度的提高。FC 型光纤连接器如图 3-119 所示。

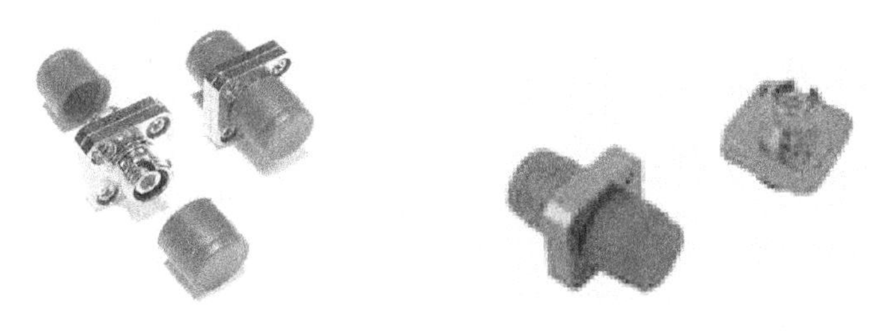

图3-119 FC型光纤连接器

（2）SC 型光纤连接器

这是一种由日本 NTT 公司开发的光纤连接器。其外壳呈矩形，所采用的插针与耦合套筒的结构尺寸与 FC 型完全相同。其中插针的端面多采用 PC 或 APC 型研磨方式；紧固方式是采用插拔销闩式，不需旋转。此类连接器价格低廉，插拔操作方便，介入损耗波动小，抗压强度较高，安装密度高。SC 型光纤连接器如图 3-120 所示。

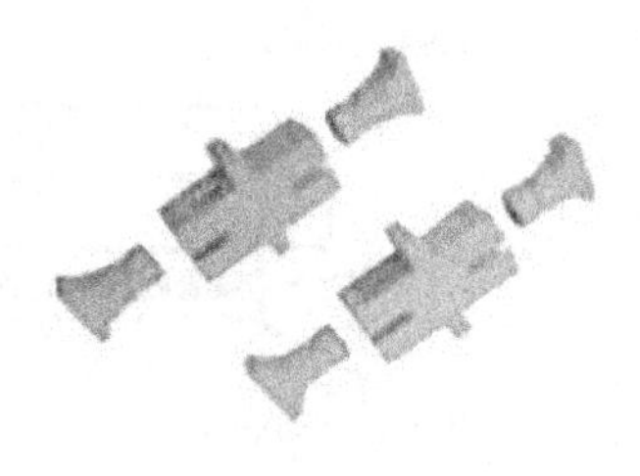

图3-120　SC型光纤连接器

（3）ST 型光纤连接器

ST 型光纤连接器在网络工程中最为常用，其中心是一个陶瓷套管，外壳呈圆形，所采用的插针与耦合套筒的结构尺寸与 FC 型完全相同，其中，插针的端面采用 PC 型或 APC 型研磨方式，紧固方式为螺钉扣。安装时必须人工或用机器将光纤抛光，去掉所有的杂痕，外壳旋转 90° 就可将插头连接到护套上。ST 型光纤连接器如图 3-121 所示。

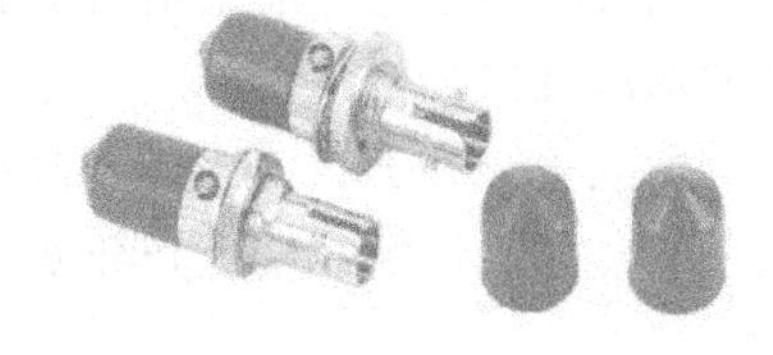

图3-121　ST型光纤连接器

（4）LC 型光纤连接器

LC 型连接器是 Bell（贝尔）研究所研究开发出来的，采用操作方便的模块化插孔（RJ）闩锁机理制成。其所采用的插针和套筒的尺寸是普通 SC、FC 等所用尺寸的一半，为 1.25mm。这样可以提高光纤配线架中光纤连接器的密度。目前，在单模 SFF 方面，LC 型的连接器实际已经占据了主导地位，在多模方面的应用也增长迅速。LC 型光纤连接器如图 3-122 所示。

图3-122　LC型光纤连接器

（5）MU 型连接器

MU（Miniature Unit Coupling）连接器是以目前使用最多的 SC 型连接器为基础，由 NTT 公司研制开发出来的世界上最小的单芯光纤连接器。该连接器采用 1.25mm 直径的套管和自保持机构，其优势在于能实现高密度安装。利用连接器的 1.25mm 直径的套管，NTT 公司已经开发了 MU 连接器系列。它们有用于光缆连接的插座型连接器（MU-A 系列）、具有自保持机构的底板连接器（MU-B 系列）以及用于连接 LD/PD 模块与插头的简化插座（MU-SR 系列）等。随着光纤网络向更大带宽、更大容量方向的迅速发展和 DWDM 技术的广泛应用，对 MU 型连接器的需求也将迅速增长。MU 型连接器如图 3-123 所示。

图3-123　MU型连接器

小提示：光纤连接器的发展方向是小型化（SFF）。SFF 型连接器可以在一个连接器内端接两根或更多的光纤。大多数通信电路需要两根光纤，一根用于输出信号，另一根用于接收信号。使用 SFF 型光纤连接器时，只需要一个连接器，而不需要两个 SC 型连接器，节约了劳动成本。SFF 型连接器体积更小，约为 ST 型和 SC 型连接器的 1/2，节约了配线箱的使用空间。

6. 光纤跨接线

光纤跨接线是两条带有光纤连接器的光纤软线，有单芯和双芯、多模和单模之分。光纤跨接线主要用于光纤配线架到交换设备或光纤信息座到计算机的跨接，其长度一般约为 3m。常见跨接线类型如图 3-124 所示。

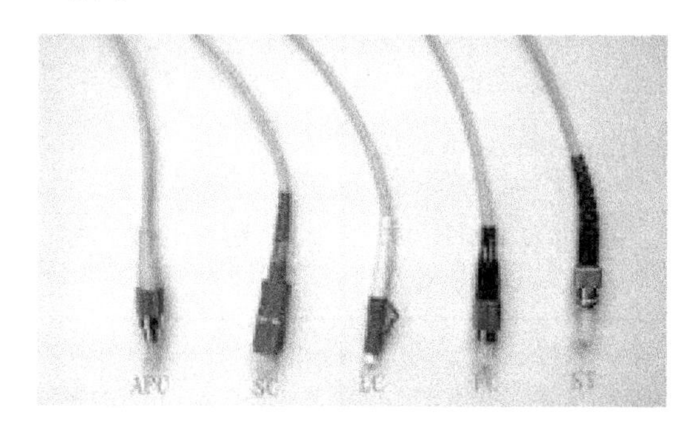

图3-124　各种光纤跨接线

7. 光纤熔接工具

光纤熔接技术主要是用熔纤机将光纤和光纤或光纤和尾纤连接，把光缆中的裸纤和光纤尾纤熔合在一起变成一个整体，而尾纤则有一个单独的光纤头。在光纤的熔接过程中用到的主要材料及工具见表 3-6。

表 3-6　光纤熔接材料及工具

材料名称	作 用	工具名称	作 用
室内光缆	光缆的一种	熔接机	用于光纤间的熔接

（续）

材料名称	作 用	工具名称	作 用
尾纤	通过熔接与其他光纤连接	台式切割刀	用于光纤切割
热缩套管	保护光纤熔接头	光纤涂覆层剥离钳	用于剥离光纤涂覆层和外护层
无水酒精	清洁纤芯	光纤剥线钳	用于剥离光纤护套
耦合器	用于光纤的连接	外纤切割刀	用于切割室外光缆外铠甲护套
清洁剂	用于清洁光纤	大力钳	用于剪断室外光缆外铠甲中的钢丝

3.8.4 实训任务

1. 室内光纤熔接和盘纤实训

（1）实训目的

1）熟悉和掌握光缆的种类和区别。

2）熟悉光纤跨接线的种类。

3）熟悉光缆耦合器的种类和安装方法。

4）熟悉和掌握光纤熔接工具的使用、光纤熔接的方法和注意事项。

5）掌握光纤盘接的方法。

（2）实训要求

1）完成室内光缆的剥线，不允许损伤光缆光芯。

2）完成光纤的熔接实训，要求熔接方法正确，并且熔接损耗<0.05dB。

3）完成光纤盘接。要求盘纤美观，光纤长度合适。

（3）实训材料和工具

1）光纤熔接机、光纤工具箱，如图 3-125 所示。

2）室内光纤。

3）盘纤盒。

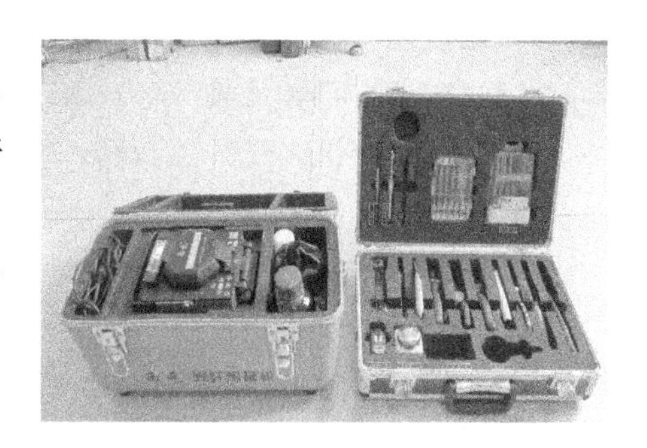

图3-125 光纤工具

（4）实训安排

如图 3-126 所示，按照实训步骤完成室内光纤熔接及盘纤实训。

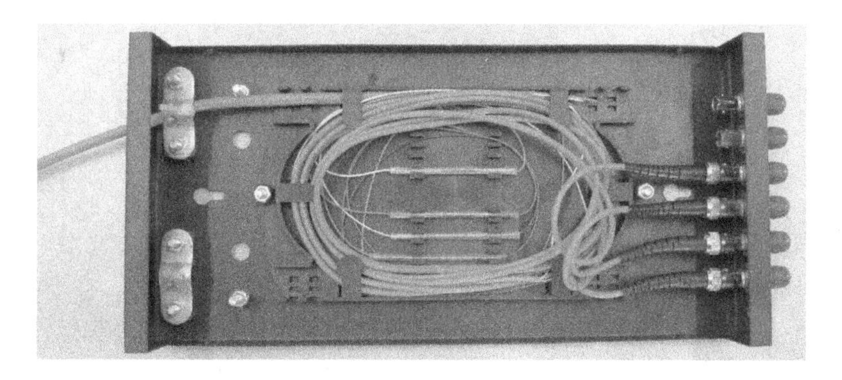

图3-126 室内光纤盘纤

（5）实训步骤

1）将室内光缆固定到接续盒内，剥去室内光缆外皮。

2）剥去光纤纤芯上的涂覆层，用酒精擦净并进行光纤切割。

3）光纤熔接。

4）光纤耦合器安装，并进行盘纤。

2. 室外光纤熔接和盘纤实训

（1）实训目的

1）熟悉和掌握光缆的种类和区别。

2）熟悉光纤跳线的种类。

3）熟悉光缆耦合器的种类和安装方法。

4）熟悉和掌握光纤熔接工具的使用方法和注意事项。

5）掌握光纤盘纤的方法。

（2）实训要求

1）完成室外光缆的剥线。不允许损伤光缆光芯。

2）完成光纤的熔接实训。要求熔接方法正确，并且熔接损耗<0.05dB。

3）完成光纤盘纤。要求盘纤美观，光纤长度合适。

（3）实训材料和工具

1）光纤熔接机，光纤工具箱。

2）室外光纤。

3）盘纤盒。

（4）实训安排

如图 3-127 所示，按照实训步骤完成室外光纤熔接及盘纤实训。

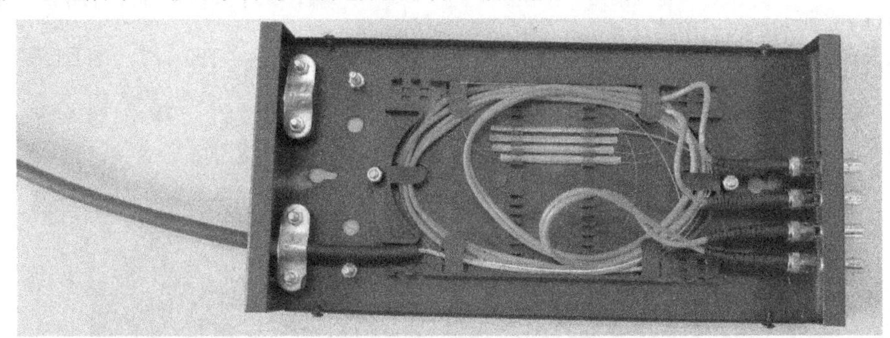

图3-127 室外光纤盘纤

（5）实训步骤

1）将室外光缆放到接续盒内。

2）剥离室外光缆外皮铠甲，距开口 10cm 处剪断钢丝，将钢丝固定到镙钉上。

3）用专用剥线钳将内部白色套管剥离，用纸巾将覆盖在纤芯上的油脂擦拭干净。

4）剥去光纤纤芯上的涂覆层，用酒精擦净并进行光纤切割。

5）光纤熔接。

6）光纤耦合器安装，并进行盘纤。

任务 9 布线系统工程综合实训

3.9.1 任务描述

根据设计好的网络布线系统工程图样要求进行网络布线施工。它是集线槽、线管安装、端接技术、光纤熔接技术等于一体的综合布线项目工程。因此施工前要求施工人员熟悉施工场地和查看平面施工图，确定管理间、设备间及信息点的安装位置等，按图施工。

3.9.2 任务实施

1）与设计人员沟通，了解工程情况，仔细阅读相关施工图样和设计文件，准备相关工程施工材料。

2）根据要求，对综合布线管路和槽道进行安装施工。

3）相关线缆的布设施工。

4）信息插座的安装和链路端接。

5）管理间设备的安装。

6）设备间设备的安装。

7）布线系统链路测试。

3.9.3　实训任务

布线系统工程综合实训

根据某学校图书馆综合楼设计文件和施工图样等资料，在模拟墙上完成综合布线系统的施工。

（1）实训目的

1）掌握施工平面图的阅读方法。

2）掌握布线工程中线槽、管、线的布设，链路端接及设备安装等技能的综合应用。

3）掌握网络检测及故障排查的方法。

4）培养学生团队合作的精神和安全施工的意识。

（2）实训要求

1）按要求完成布线系统工程综合实训，施工过程中注意工程质量和施工安全。

2）线槽、线管安装美观，工艺质量达到安装标准。

3）链路端接正确、规范，通畅率达到 100%。

4）学生分组完成实训任务，每组 4～7 人；分工明确，指挥得当，用 9 课时完成实训任务。

（3）实训材料和工具

1）锤子、钢锯、剪刀等施工工具。

2）网络钳、测线仪、模块压接刀等网络工具。

3）机柜、配线架、线缆等网络材料。

4）线槽、线管、底盒等施工材料。

（4）实训安排

按要求完成网络布线系统工程综合实训并认真填写施工工艺检查情况表。

3.9.4　项目需求信息

为适应今后信息技术发展需要，对某学校图书馆综合楼进行网络改造建设。该综合楼共 4 层，建筑面积共 3600m^2，是办公、会议、图书室、机房等综合办公场所。大楼每层楼高 4m，楼层都有竖井供线路布设。该工程改造主要涉及网络系统和语音系统，采用的布线系统性能等级为 5e 类非屏蔽（UTP）系统。

各楼层结构建筑物为 4 层结构，现需要对 1～3 层部分房间进行综合布线，楼层的结构如图 3-128～图 3-130 所示。

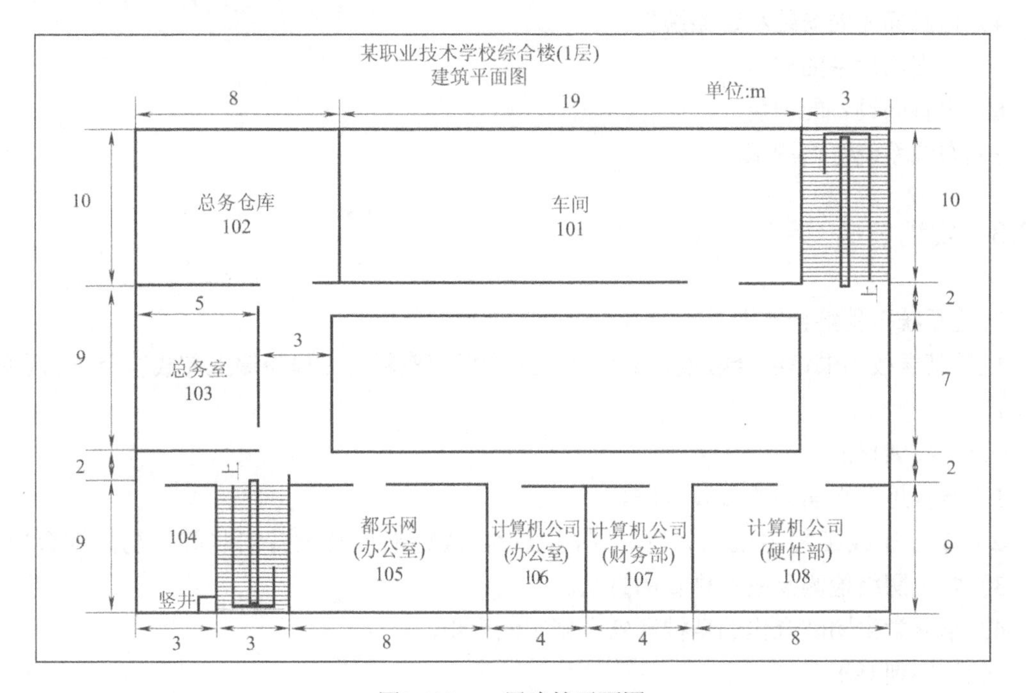

图3-128　一层建筑平面图

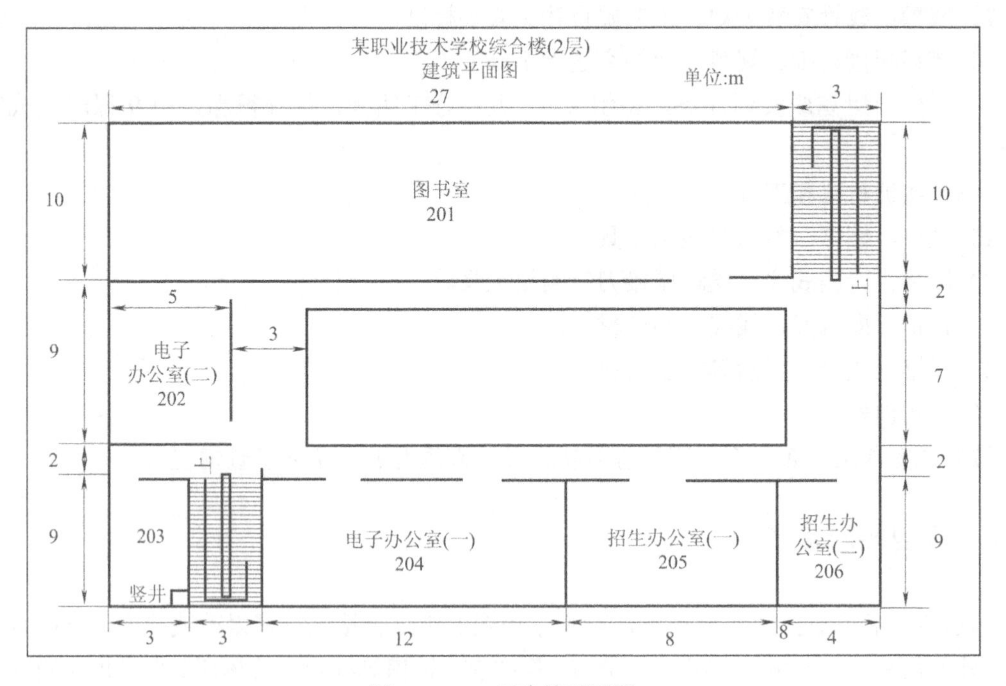

图3-129　二层建筑平面图

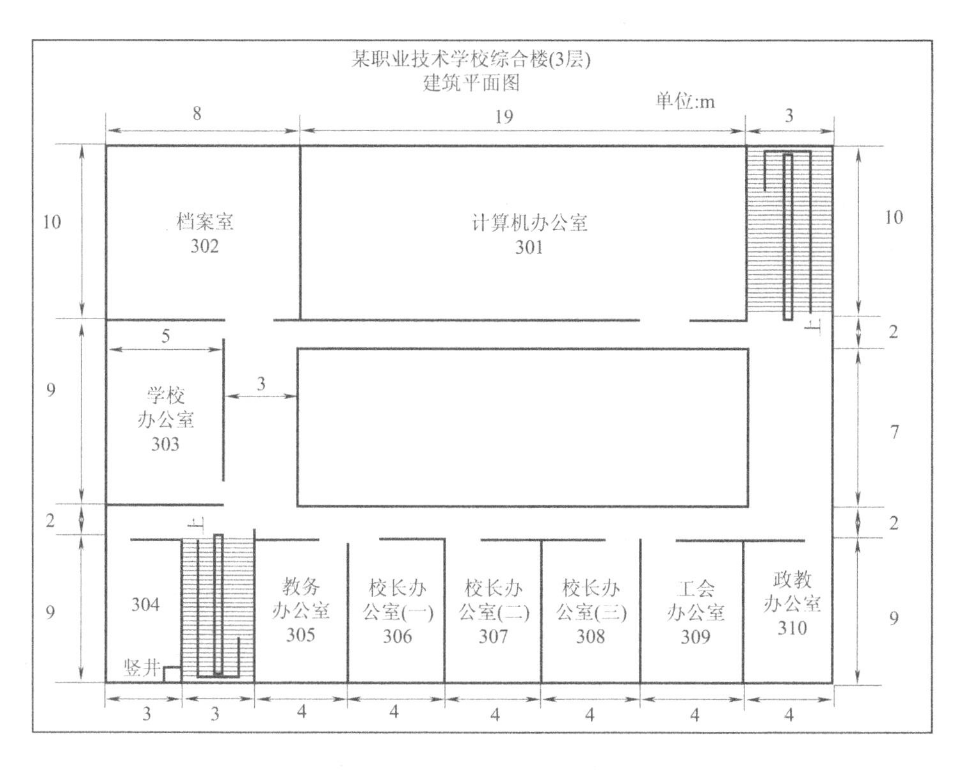

图3-130 三层建筑平面图

1. 信息点接入要求

3 层楼需进行网络改造，布线的房间具体功能及信息点接入要求见表 3-7。

表 3-7 房间具体功能及信息点接入要求

楼层	房间号	房间功能	信息点接入要求
1 层	105	都乐网办公室	需接入一个语音点和一个数据信息点
	106	计算机公司办公室	
	107	计算机公司财务部	
	108	计算机公司维修部	需接入一个数据信息点，无须语音信息点
2 层	204	电子办公室	需接入一个语音点和一个数据信息点
	205	招生办公室	
	206	单人办公室	需接入一个数据信息点，无须语音信息点
3 层	305	教务办公室	需接入一个数据信息点，无须语音信息点
	306	校长办公室（一）	
	307	校长办公室（二）	
	308	校长办公室（三）	
	309	工会办公室	
	310	政教办公室	

2. 建筑布局说明

1）建筑物楼 1～3 层共 13 个房间，每层楼设置有楼梯（含竖井），楼梯分布于建筑物两边。

2）各个房间的大小不同，用途也不同，需要安装的信息点也不同。

3）房间高度为 4m，楼道宽度为 1.5m。

4）该项目采用超 5 类线进行综合布线系统。

5）所有信息点均汇聚到二楼竖井的机柜中。

6）二楼机柜通过室外光纤连接至学校信息中心（24U 机柜）构成网络布线系统；语音则通过 25 对大对数连接至信息中心（24U 机柜）构成语音布线系统。

3.9.5 具体实施步骤（安装施工）

1. 参照施工图进行现场安装

在模拟墙板上以一定的比例完成平面图的绘制，并标明比例尺（将施工图样粘贴于模拟建筑物的 206 房间之上）。

2. 完成永久链路和信息模块端接

要求完成各房间永久链路布线和信息模块端接，按照 TIA/EIA 568B 标准端接。

建筑物的信息点和语音点均采用明装底座的方式，建筑物中第 2、3 层使用线槽、第 1 层使用线管引线；垂直干道使用线槽，要求每段双绞线长度合适，两端线标正确，由于场地的限制，线管直接安装于模拟墙板的正面。

安装底座、端接模块、安装面板，底座安装水平、牢固；模块端接处拆开双绞线长度合适，8 芯线位置合适，端接线序正确；面板安装正确、牢固标记清晰、符合设计要求。

小提示：模拟施工环境进行综合布线各个子系统的施工。必须依据实际要求，施工不能超出墙板的范围，施工时小心操作以免破坏设备。

3. 完成永久链路配线架端接

完成壁挂式机柜配线架的安装，要求机柜水平安装、入线隐蔽、机柜内设备安装位置合理、空间充足；完成配线架与交换机的端接，按照 TIA/EIA 568B 标准端接。要求每段双绞线长度合适，两端线标正确，每个端接处拆开双绞线长度合适，8 芯线位置合适，端接线序正确。

4. 建筑群子系统的线缆敷设及中心机柜的设备安装

1）建筑群子系统均采用 6 芯多模光缆接入。

2）使用 24U 机柜（模拟学校信息中心）中完成设备安装，要求在一个机柜中安装汇聚层交换机、配线架、110 配线架、理线架等，要求安装位置正确、固定牢固，保证设备的连通性。

5. 光纤熔接

从信息中心机柜安放一条光纤（使用室外光缆）连至图书馆综合楼（模拟墙）2 层机柜，并进行熔接。共使用两个终端盒，一个终端盒放置于中心机柜，另一个终端盒放置于图书馆综合楼（模拟墙）2 层机柜中。（注意：必须在终端盒表面清晰地张贴标签说明光芯颜色及具体功能，并预留一对备用光纤。）

6. 完成网络跨接线制作和线对测试

制作两根网络跨接线，其中每根跨接线长度正确、线序正确、压接到位、连接合理、线标清楚。

7．施工管理

现场设备、材料、工具、包装材料堆放整齐、有序，文明施工。

8．填写施工工艺检查情况表（见表 3-8）

表 3-8　施工工艺检查情况表

项目名称：

施工部门：　　　　开工日期：　　　　竣工日期：

施工负责人：　　　　部门人员：

序号	安 装 项 目	安装/操作人员	检查情况	评分
1	标志房间平面（2 分）			
2	线管、槽裁剪（5 分）			
3	线管、槽安装（10 分）			
4	底盒安装（10 分）			
5	模块/配线架端接（30 分）			
6	双绞线的布设及整理（15 分）			
7	6U 机柜安装（5 分）			
8	24U 机柜安装（5 分）			
9	粘贴标签（3 分）			
10	光纤熔接（10 分）			
11	施工场地清洁（3 分）			
12	检查表填写是否完整（2 分）			
	合　计			

项目4　综合布线工程测试

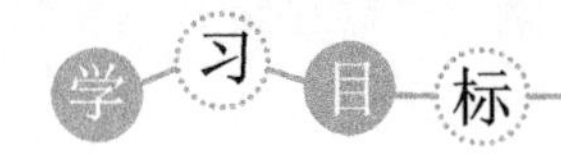

1）了解综合布线系统测试的常用标准，熟悉《综合布线系统工程验收规范》（GB 50312—2007）。

2）掌握综合布线系统电缆部分测试的常用方法，熟悉各种电缆测试仪器的使用。

3）掌握综合布线系统光纤部分测试的常用方法，熟悉各种光纤测试仪器的使用。

1）能够独立完成对简单电缆链路的相关测试。

2）能够独立完成对光纤链路的通断测试。

3）能够以团队合作的方式，对一个完整的综合布线工程进行整体系统测试。

任务1　测试标准

4.1.1　任务描述

综合布线系统中，通信介质的正确连接及良好的传输性能，是整个系统正常运转的基础。在综合布线系统安装的过程中，还有在整个系统安装完毕后，都必须对系统进行必要的相关测试，以确认传输介质的性能指标已达到了系统正常运转的要求。

综合布线系统测试验收中，有些网络布线系统施工单位使用的是像网络通断测试器那样的简单测试工具，测试时网络连通灯一亮，就认为网络没有问题，线缆安装合格。这是不够科学的，这种测试只能说明网线接对了且没有断路。我们知道，计算机网络工作时要使用高速度承载很大的信息流量，对通信线缆的要求非常高，衰减、损耗、速率和抗干扰都有相应的规定，所以综合布线系统工程测试应遵循一些相关的标准。

4.1.2　任务实施

过去国内大多数综合布线系统工程采用国外厂商生产的产品，且其工程设计和安装施工绝大部分由国外厂商或代理商组织实施。当时因缺乏统一的工程建设标准，所以不论是在产品的技术和外形结构，还是在具体设计和施工以及与房屋建筑的互相配合等方面都存在一些问题，没有取得应有的效果。为此，我国主管建设部门和有关单位在近几年来组织编制和批准发布了一批有关综合布线系统工程设计施工应遵循的依据和法规。这方面的主要标准和规范如下。

1）国家标准《综合布线系统工程设计规范》（GB 50311—2007）根据原建设部公告，自2007年10月1日起施行。

2）国家标准《综合布线系统工程验收规范》（GB 50312—2007）根据原建设部公告，自2007年10月1日起施行。

3）国家标准《智能建筑设计标准》（GB/T 50314—2006）由原建设部发布，自2007年7月1日起施行。

4）国家标准《智能建筑工程质量验收规范》（GB 50339—2013）由住房和城乡建设部发布，自2014年2月1日起施行。

5）国家标准《通信管道工程施工及验收规范》（GB 50374—2006）由原建设部发布，自2007年5月1日起施行。

6）国家标准《建筑电气工程施工质量验收规范》（GB 50303—2002）由原建设部和国家质量监督检验检疫总局联合发布，向2002年6月1日起施行。

7）通信行业标准《建筑与建筑群综合布线系统工程设计施工图集》（YD 5082—1999）由原信息产业部批准发布，自2000年1月1日起施行。

8）通信行业标准《城市住宅区和办公楼电话通信设施设计标准》（YD/T 2008—1993）由原信息产业部批准发布，自1994年9月1日起施行。

9）通信行业标准《城市住宅区和办公楼电话通信设施验收规范》（YD 5048—1997）由原邮电部批准发布，自1997年9月1日起施行。

10）通信行业标准《城市居住区建筑电话通信设计安装图集》（YD 5010—1995）由原邮电部批准发布，自1995年7月1日起施行。

11）通信行业标准《通信电缆配线管道图集》（YD 5062—1998）由原信息产业部批准发布，自1998年9月1日起施行。

12）中国工程建设标准化协会标准《城市住宅建筑综合布线系统工程设计规范》（CECS119：2000）为推荐性的，由协会下属通信工程委员会主编，经中国工程建设标准化协会批准，自2000年12月1日起施行。

当工程技术文件、承包合同文件要求采用国际标准时，应按要求采用适用的国际标准，但不应低于本规范规定。此外，在综合布线系统工程施工中，还可能涉及本地电话网。因此，还应遵循《通信管道与通道工程设计规范》（YD 5007—2003）和《通信线路工程验收规范》（YD 5121—2010）等我国通信行业最新制定发布的相关标准。

以下国际标准可供参考：

《用户建筑综合布线》TSO/IEC11801

《商业建筑电信布线标准》TIA/EIA 568

《商业建筑电信布线安装标准》TIA/EIA 569

《商业建筑通信基础结构管理规范》TIA/EIA 606

《商业建筑通信接地要求》TIA/EIA 607

《信息系统通用布线标准》EN50173

《信息系统布线安装标准》EN50174

4.1.3 知识链接

1. 竣工验收的基本要求

综合布线系统工程的竣工验收工作是对整个工程的全面验证和施工质量评定。因此，必须按照国家规定的工程建设项目竣工验收办法和工作要求实施，不应有丝毫草率从事或形式主义的做法，力求工程总体质量符合预定的目标要求。

在综合布线系统工程施工过程中，施工单位必须重视质量，按照《综合布线系统工程验收规范》的有关规定，加强自检、互检和随工检查等技术措施。建设单位的常驻工地代表或工程监理人员必须按照上述工程验收规范的要求，在整个安装施工全过程中，认真负责、一丝不苟，加强工地的技术监督及工程质量检查工作，力求消灭一切因施工质量而造成的隐患。所有随工验收和竣工验收的项目内容和检验方法等均应按照《综合布线系统工程验收规范》的规定办理。

由于智能化小区的综合布线系统既有屋内的建筑物主干布线系统和水平布线子系统，又有屋外的建筑群主干布线子系统，因此对于综合布线系统工程的工程验收，除应符合《综合布线系统工程验收规范》外，还应符合国家现行的《通信线路工程验收规范》（YD 5121—2010）、《通信管道工程施工及验收技术规范》（GB 50374—2006）、《电信网光纤数字传输系统工程施工及验收暂行技术规定》（YDJ 44—1989）、《市内通信全塑电缆线路工程施工及验收技术规范》（YD 2001—1992）等有关的规定。

各生产厂商提供的施工操作手册或测试标准均不得与国家标准或通信行业标准相抵触，在竣工验收时，应按我国现行标准贯彻执行。

2. 验收方式

综合布线工程采取三级验收方式。

1）自检自验：由施工单位自检、自验，发现问题及时完善。

2）现场验收：由施工单位和建设单位联合验收，作为工程结算的根据。

3）鉴定验收：上述两项验收后，乙方提出正式报告作为正式竣工报告，共同上报上级主管部门或委托专业验收机构进行鉴定。

对布线工程验收是施工方向用户方移交的正式手续，也是用户对工程的认可。

3. 验收组织

工程竣工后，施工单位应在工程计划验收十日前通知验收机构，同时送交一套完整的竣工报告，并将竣工技术资料一式三份交给建设单位。竣工资料包括工程说明、安装工程质量、设备器材明细表、施工测试记录、竣工图样、隐蔽工程记录等。验收前的准备工作包括编制竣工验收工作计划书，整理汇总技术档案，拟定验收范围、依据和要求，编制竣工验收程序。有时在联合正式验收之前还进行一次初步调试验收。初步调试验收包括技术资料的审核、工程实物验收、系统测试和调试情况的审定。要事先制定出一个详尽的调试验收方案，包括问题与要求、组织分工、主要方法及主要的检测手段等，然后对各施工基本班组及参与现场管理的全体技术人员作出技术交底。

正式的竣工验收由业主、施工单位及有关部门联合参加，其验收结论具有合法性。正式验收的内容包括总体检验、质量评定、专项检验、各子系统提供的竣工图、文档和施工质量技术资料等。

正式的联合验收之前应成立综合布线工程验收的组织机构，如专业验收小组，全面负责综合布线工程的验收工作。专业验收小组由施工单位、用户和其他外聘单位联合组成，人数为 5～9 人，一般由专业技术人员组成，由有上岗证书者参与综合布线验收工作。

验收工作主要分两个部分进行，第一部分是物理验收，第二部分是文档验收。综合布线系统工程采用计算机进行管理、维护工作，应按专项进行验收。验收不合格的项目，由验收机构查明原因，提出解决办法。

4.1.4 实训任务

熟悉国家标准《综合布线系统工程验收规范》(GB 50312—2007)。

（1）实训目的

通过熟悉 GB 50312—2007 国家标准，掌握平常综合布线工程中的基本要求。

（2）实训要求

要求学生熟悉 GB 50312—2007 中的相关规定。

任务 2 测试电缆链路

4.2.1 任务描述

综合布线系统工程中，电缆敷设这一部分的最终步骤是对整个电缆系统的测试和评估。一般来说，新敷设的电缆有很多线对，每个线对的两端都需要端接，1 根普通的 4 线对水平电缆就需要 8 次端接，所以新敷设的电缆都有可能存在着一些问题。测试可以确定电缆是否端接正确，其性能是否能达到测试标准的要求。

通过本任务，掌握综合布线系统电缆链路的相关测试方法。

4.2.2 任务实施

1. 通断测试

使用网络测试仪 NF-468 对电缆链路进行通断测试，如图 4-1 所示。

2. 接线图测试

使用福禄克公司的 DTX 1800 对电缆链路进行接线图测试（接线图与图 4-1 相同，测试仪器变为 DTX1800）。

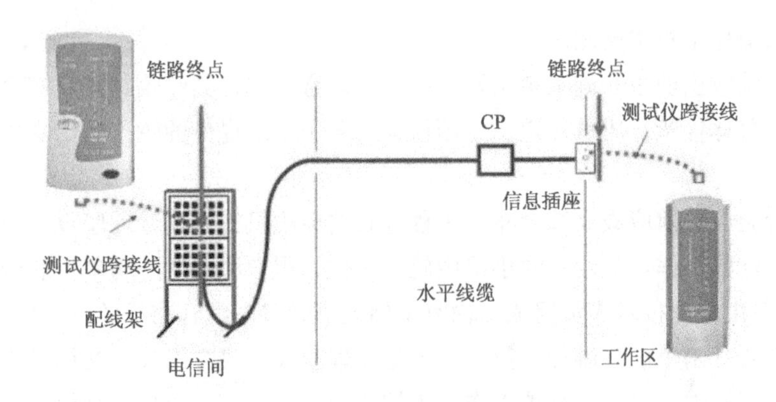

图4-1　电缆链路测试

接线图测试就是要求所有电缆线对端到端的电气的连通性，它要求诊断配线的错误，可以反映出电缆布线中是否存在开路、短路、交叉连接和配线错接等错误。使用 DTX 1800（见图 4-2）进行接线图测试的步骤如下。

1）首先打开测试仪，然后打开智能远端，如图 4-3、图 4-4 所示。

2）开机完毕后等待 1min，然后进行设置基准；将旋钮调到“Special Functions”，然后单击<Enter>键，选择设置基准，会出现如图 4-5 中的第三幅图的提示窗，根据提示将永久链路适配器插好，然后单击<Test>键开始设置基准。

3）设置基准完成后开始对测试参数进行设置，将旋钮调到“Setup”，根据提示选择测试需要的参数。

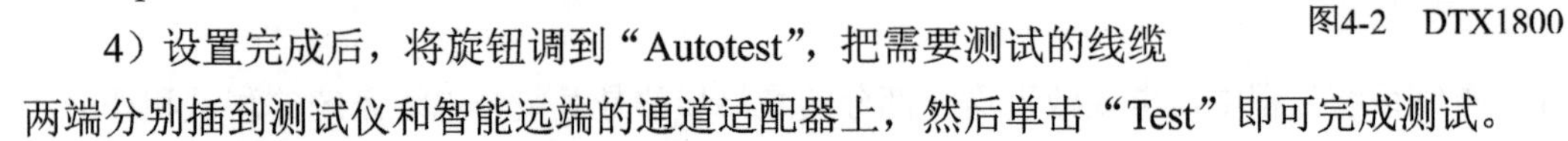

图4-2　DTX1800

4）设置完成后，将旋钮调到“Autotest”，把需要测试的线缆两端分别插到测试仪和智能远端的通道适配器上，然后单击“Test”即可完成测试。

5）测试完成后，单击<Save>键保存测试结果。

6）接线图测试的结果如图 4-6～图 4-11 所示。

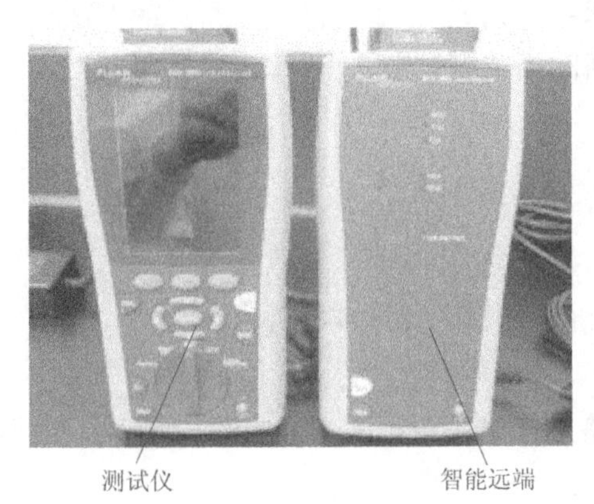

图4-3　打开测试仪

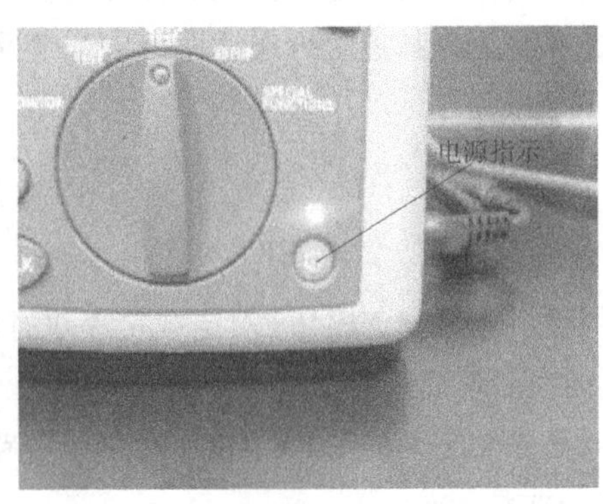

图4-4　电源指示

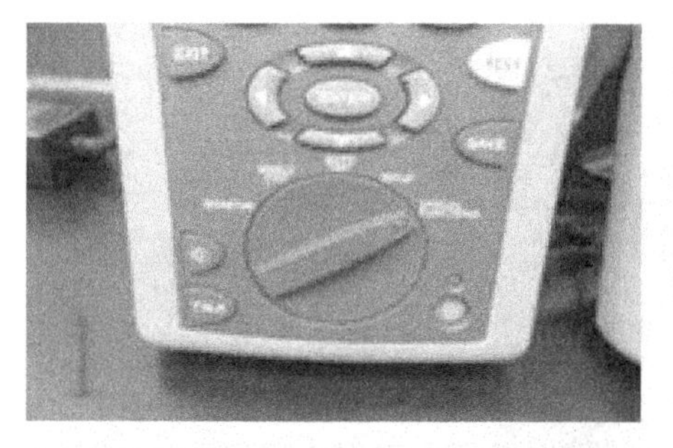

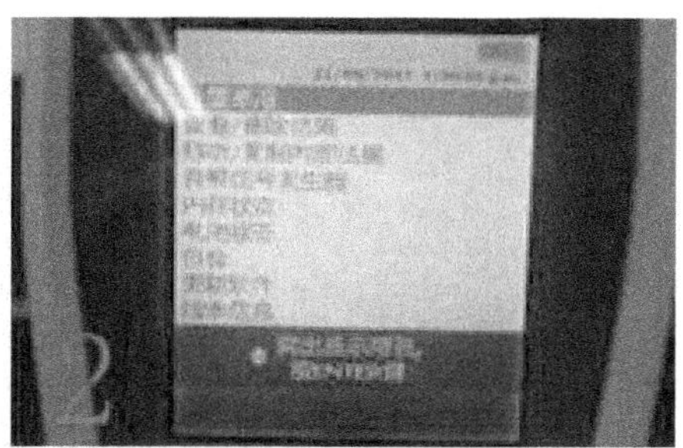

图4-5　基准设置

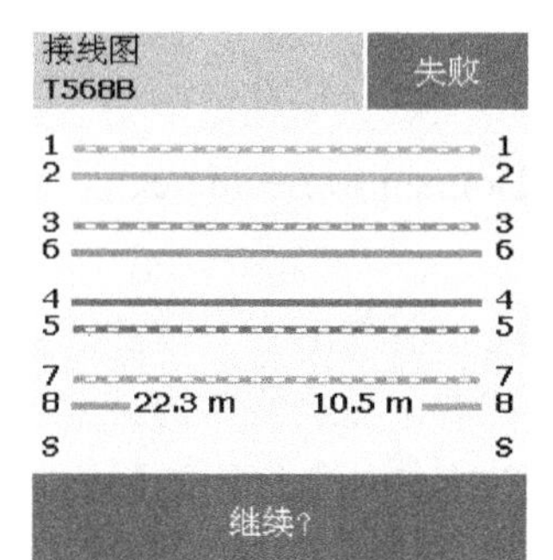

图4-6　开路

图4-7　短路

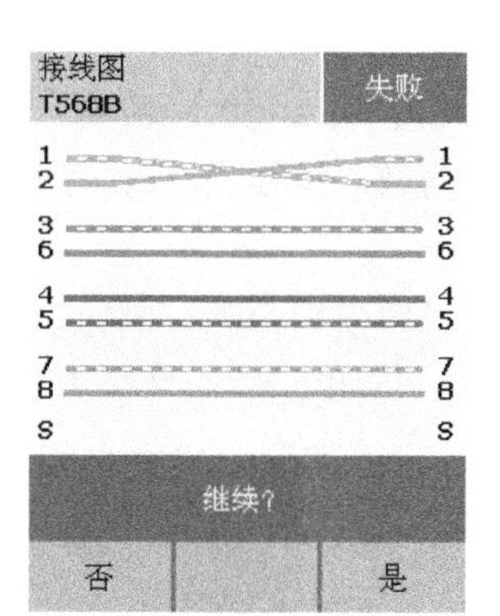

图4-8　反接/交叉

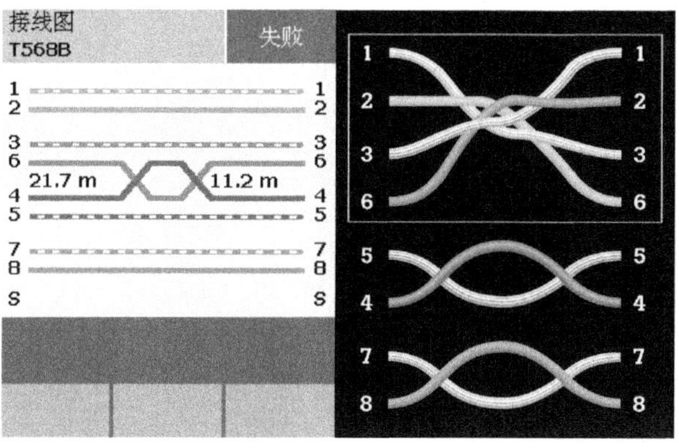

图4-9　跨接/错对

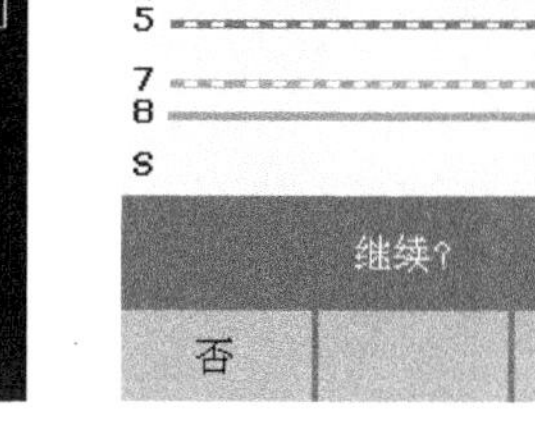

图4-10　串扰

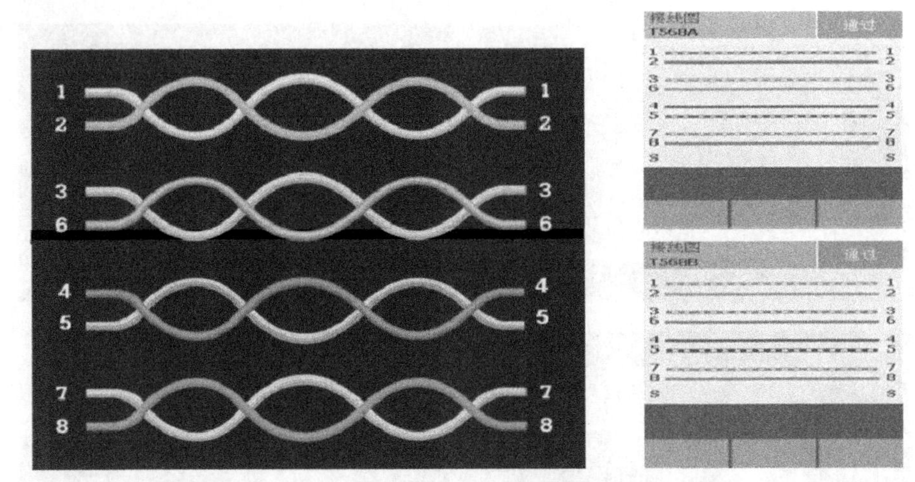

图4-11　TIA/EIA 568A和TIA/EIA 568B的正确接线图

4.2.3　知识链接

电缆测试除了通断测试、接线图测试外，还有长度、传播延迟、延迟偏离、衰减、各种串扰、回波损耗等测试。

1. 长度（Length）测试

1）测量双绞线长度时，通常采用时域反射分析（Time Domain Reflectometry，TDR）测试技术。

2）时域反射分析（TDR）的工作原理是：测试仪从电缆一端发出一个脉冲波，在脉冲波前进时，如果碰到阻抗的变化，如开路、短路或不正常接线时，就会将部分或全部的脉冲能量反射回测试仪。依据来回脉冲波的延迟时间及已知的信号在电缆传播的额定传播速率（Nominal Velocity of Propagation，NVP），测试仪就可以计算出脉冲波接收端到该脉冲返回点的长度，如图 4-12 所示。

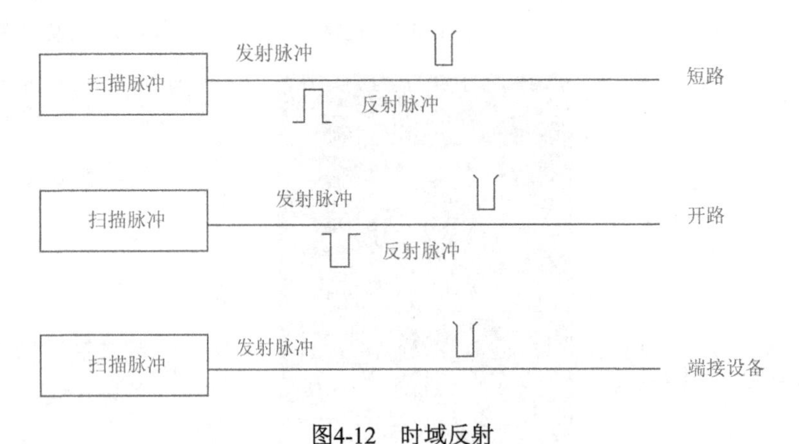

图4-12　时域反射

3）额定传输速率（NVP）。

①NVP 是指电信号在该电缆中传输的速率与光在真空中的传输速率的比值。

$$\mathrm{NVP}=2L/(Tc) \tag{4-1}$$

式中，L 为电缆长度；T 为信号在传送端与接收端的时间差；c 为光在真空中的传播速度，$c=3\times10^8\mathrm{m/s}$。

②该值随不同线缆类型而异。通常，NVP 的范围为 60%～90%，测量准确性取决于 NVP 值，正式测量前，用一个已知长度（必须在 15m 以上）的电缆来校正测试仪的 NVP 值，测试样线越长，测试结果越精确。测试时，采用延时最短的线对作为参考标准来校正电缆测试仪。

③典型的非屏蔽双绞线的 NVP 值在 62%～72%，通常 NVP 的取值在 69%左右。

4）长度测量的报告。

①链路长度的测量。长度为绕线的长度（并非物理距离），绕对之间长度可能有细微差别（对绞线绞距的差别）。

②测试极限。允许的最大长度测量误差为 10%。

当测试仪以“*”显示长度时，则表示为临界值，表明在测试结果接近极限时长度测试结果不可信，要引起用户和施工者注意。

长度的标准为 100m（通道）和 90m（永久链路），不要安装超过 100m 的站点，特殊情况要有记录。

2. 插入损耗（Insertion Lose）/衰减（Attenuation）

1）当信号在电缆中传输时，由于其所遇到的电阻而导致传输信号的减小，信号沿电缆传输损失的能量称为衰减 （以 dB 表示），信号衰减如图 4-13 所示。

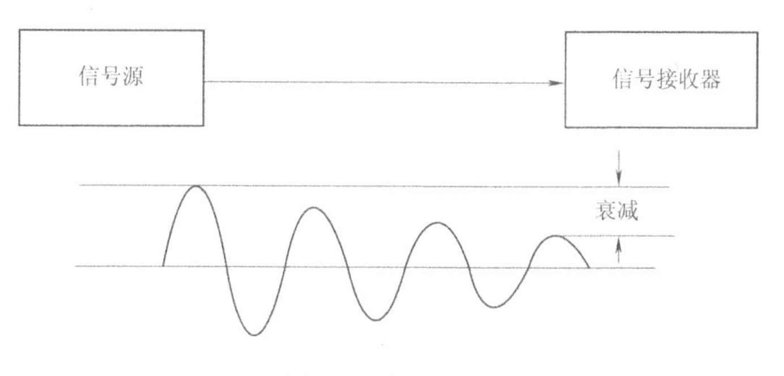

图4-13　信号衰减

2）衰减是一种插入损耗，当考虑一条通信链路的总插入损耗时，布线链路中所有的布线部件都对链路的总衰减值有贡献。一条链路的总插入损耗是电缆和布线部件的衰减的总和。衰减量由下述各部分构成：

①布线电缆对信号的衰减。

②每个连接器对信号的减量。

③通道链路模型再加上 10m 跨接线对信号的衰减量。

3）电缆是链路衰减的一个主要因素，电缆越长，链路的衰减就会越明显。与电缆链路衰减相比，其他布线部件所造成的衰减要小得多。衰减不仅与信号传输距离有关，而且由于传输信道阻抗存在，它会随着信号频率的增加，而使信号的高频分量衰减加大，这主要由趋肤效应所决定，它与频率的二次方根成正比。链路衰减如图 4-14 所示。

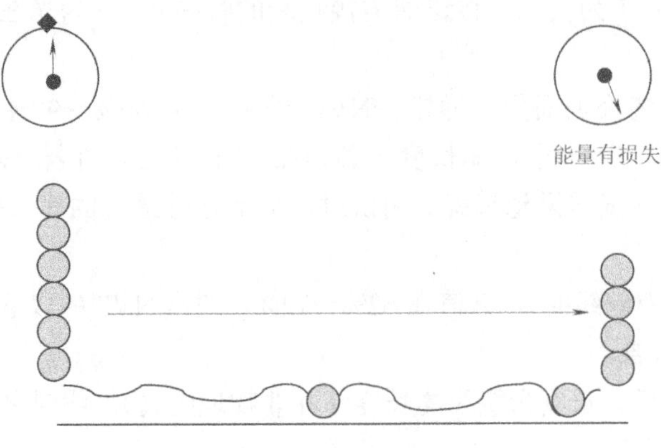

图4-14 链路衰减

4）插入损耗指在传输系统的某处由于元器件的插入而发生的负载功率的损耗。它表示为该元器件插入前负载上所接收到的功率与插入后同一负载所接收到的功率以分贝为单位的比值。插入损耗如图 4-15 所示。

5）衰减故障的原因。

衰减故障的原因包括：

①电缆材料的电气特性和结构。

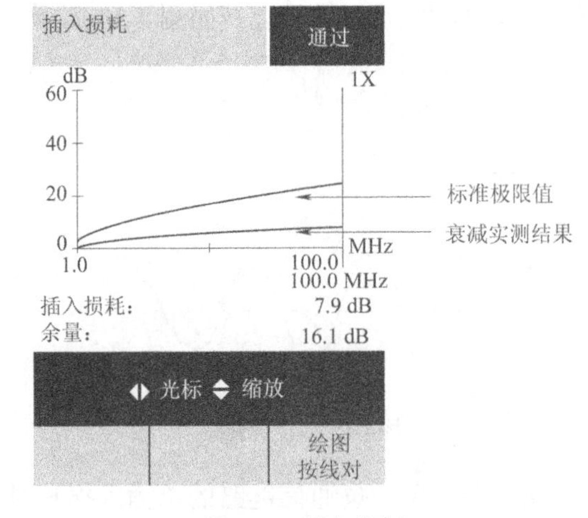

图4-15 插入损耗

②不恰当的端接。

③阻抗不匹配的反射。

④电缆过长。

⑤温度。

过量衰减会使电缆链路传输数据不可靠。

3. 串扰

1）串扰是同一电缆的一个线对中的信号在传输时耦合进其他线对中的能量，是测量来自其他线对泄漏过来的信号，如图 4-16 所示。

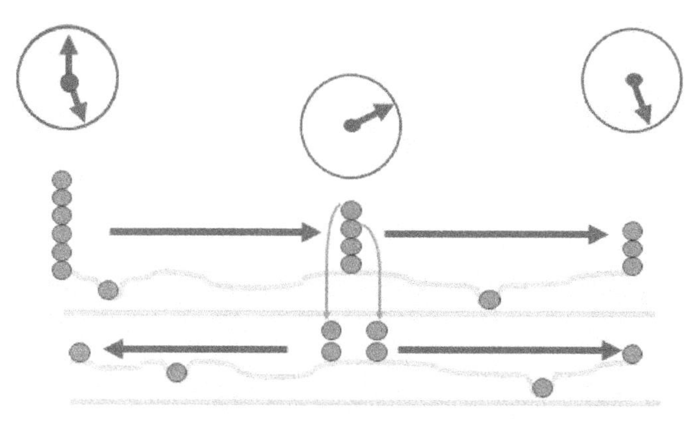

图4-16 串扰

2）串扰分为近端串扰（Near End Crosstalk，NEXT）和远端串扰（Far End Crosstalk，FEXT）。

3）近端串扰（NEXT）如图 4-17 所示。

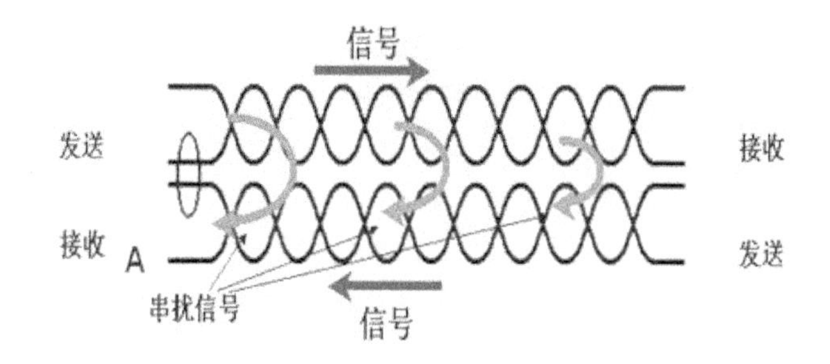

距离越远，A端收到的串扰信号就越弱

图4-17 近端串扰

①近端串扰是测量来自其他线对泄漏过来的信号。

②近端串扰是在信号发送端（近端）进行测量。

4）近端串扰。近端串扰用近端串扰损耗值（dB）来度量，近端串扰的值越高越好。

高的近端串扰值意味着耦合过来的信号损耗高，只有很少的能量从发送信号线对耦合到同一电缆的其他线对中。

低的近端串扰值意味着耦合过来信号损耗低，有较多的能量从发送信号线对耦合到同一电缆的其他线对中。

5）近端串扰的影响。

①类似噪声干扰。

②干扰信号可能足够大从而会导致破坏原来的信号，或错误地被识别为信号。

③影响：站点间歇地锁死；网络的连接完全失败。

④施工注意事项。近端串扰与端接工艺密切相关，双绞线的两条导线绞合在一起后，因为相位相差 180° 而抵消相互间的信号干扰，绞距越紧，抵消效果越好，也就越能支持较高

的数据传输速率。在端接施工时，为减少串扰，打开绞接的长度不能超过 13mm。

6）线对间的近端串扰测量，如图 4-18 所示。

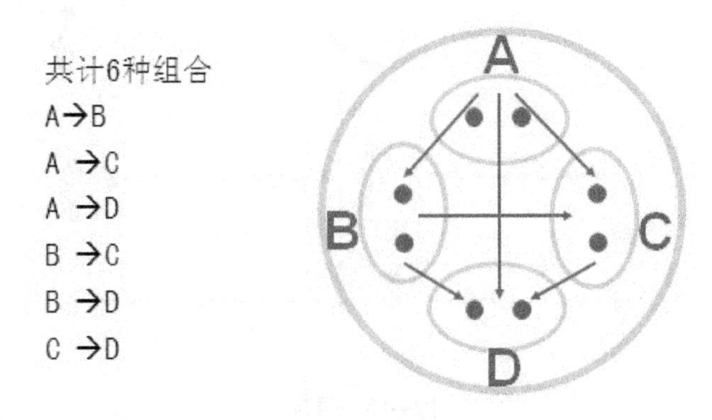

图4-18　近端串扰

7）近端串扰是频率的复杂函数，如图 4-19 所示。

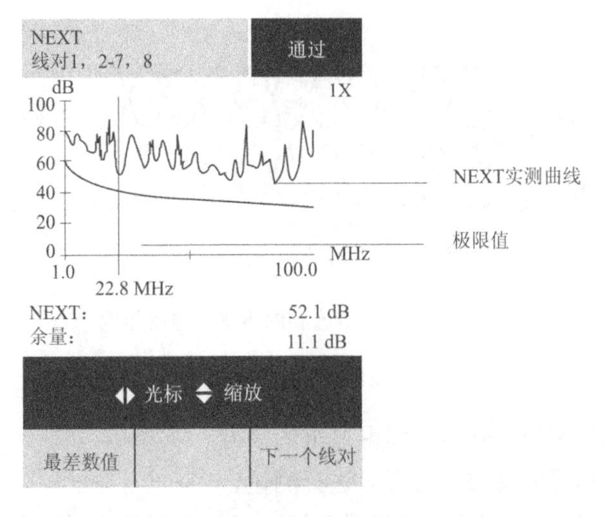

图4-19　近端串扰是频率的复杂函数

8）近端串扰的测试要求。近端串扰测试的采样步长见表 4-1。

表 4-1　近端串扰测试的采样步长

频率段/MHz	最大采样步长/MHz
1～31.25	0.15
31.26～100	0.25
100～250	0.50

9）近端串扰功率（Power Sum Near End Crosstalk，PS NEXT），如图 4-20 所示。

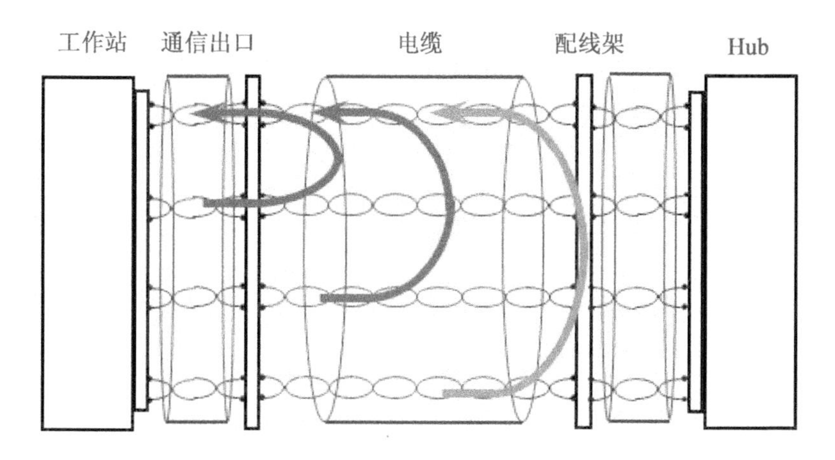

图4-20　近端串扰功率

近端串扰是一对发送信号的线对对被测线对在近端的串扰，实际上，在 4 对双绞线电缆中，当其他 3 个线对都发送信号时也会对被测线对产生串扰。因此在 4 对电缆中，3 个发送信号的线对向另一相邻接收线对产生的总串扰就称为近端串扰功率和（Power Sum NEXT）。

近端串扰功率和损耗值只有超 5 类以上电缆中才要求测试它，这种测试在用多个线对传送信号的 100 Base-T4 和 1000 Base-T 等高速以太网中非常重要。因为电缆中多个传送信号的线对把更多的能量耦合到接收线对，在测量中，近端串扰功率和损耗值要低于同种电缆线对间的近端串扰损耗值。

10）“综合的概念”。一对线感应到其他三对的串扰影响，如图 4-21 所示。

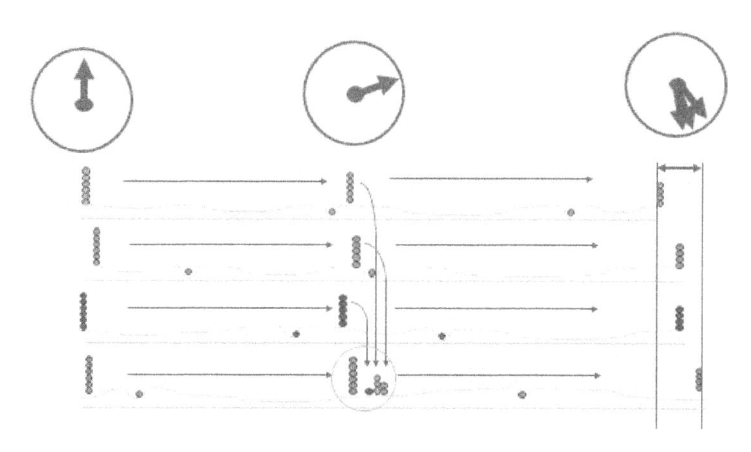

图4-21　串扰影响

11）综合近端串扰（PS NEXT），如图 4-22 所示。

综合近端串扰是一个计算值，通常适用于 2 对或 2 对以上的线对同时在同一方向上传输数据（如 1000 Base-T）。4dB 原则同样适用，需要双向测试。

12）衰减串扰比（Attenuation to Crosstalk Ratio，ACR）。通信链路在信号传输时，衰减和串扰都会存在，串扰反映电缆系统内的噪声，衰减反映线对本身的传输质量，这两种性能参数的混合效应（信噪比）可以反映出电缆链路的实际传输质量，用衰减串扰比来表示这种混合效应，衰减串扰比定义为：被测线对受相邻发送线对串扰的近端串扰损耗值与本线对传输信号衰减值的差值（单位为 dB），即

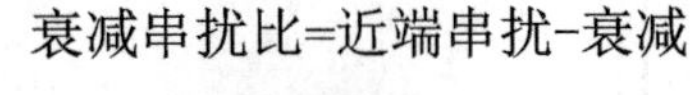

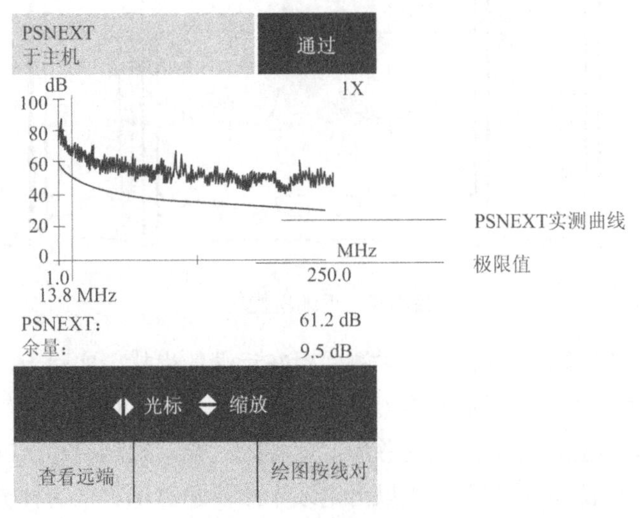

图4-22　综合近端串扰曲线

衰减串扰比或串扰与衰减的差（以 dB 表示）类似信号噪声比，对双绞线系统“可用”带宽的表示，如图 4-23 所示。曲线如图 4-24 所示。

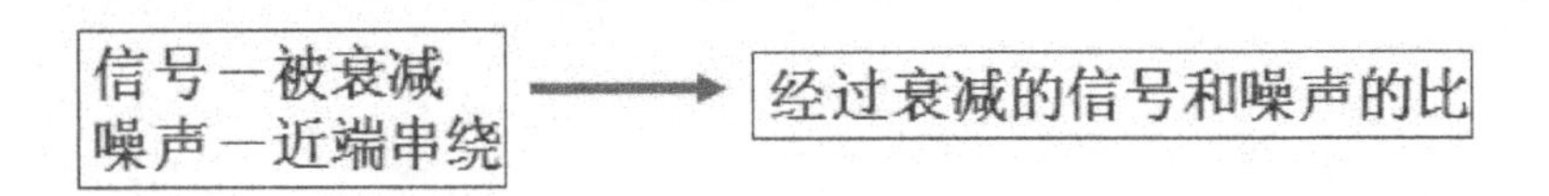

图4-23　衰减串扰比

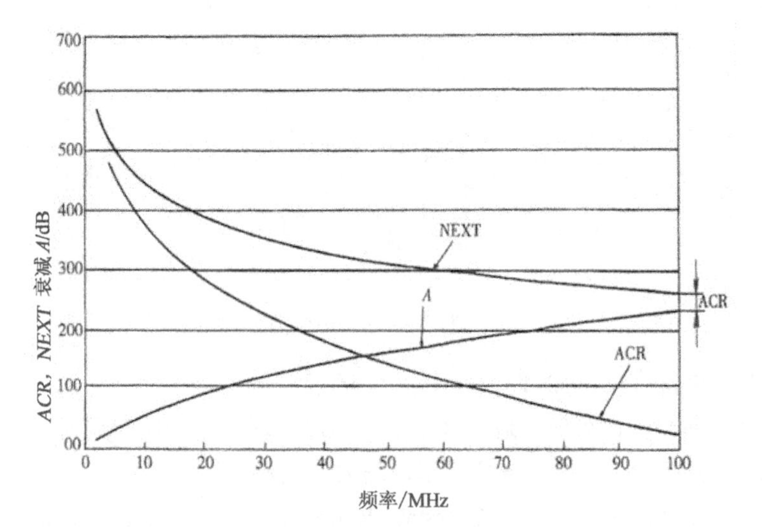

图4-24　衰减与串扰曲线

13）等效电平远端串扰（Equal Lever Far End Crosstalk，ELFEXT）与功率总和等电平远端串扰（powersum equal-level far-end crosstalk，PS ELFEXT）。

与 NEXT 定义相类似，FEXT 是信号从近端发出，而在链路的另一侧（远端），发送信号的线对向其同侧其他相邻（接收）线对通过电磁感应耦合而造成的串扰。

与 NEXT 一样，FEXT 也用远端串音损耗来度量。

因为信号的强度与它所产生的串扰及信号的衰减有关，所以电缆长度对测量到的 FEXT 值影响很大，FEXT 并不是一种很有效的测试指标，在测量中是用 ELFEXT 值的测量代替 FEXT 值的测量。

ELFEXT 是指某线对上远端串扰损耗与该线路传输信号的衰减差，也称为远端 ACR。减去衰减后的 FEXT 也称作同电位远端串扰，它比较真实地反映在远端的串扰值。定义如下：

等效电平远端串扰=远端串扰-受串扰接收线对的传输衰减

14）等效远端串扰 ELFEXT，如图 4-25 所示。

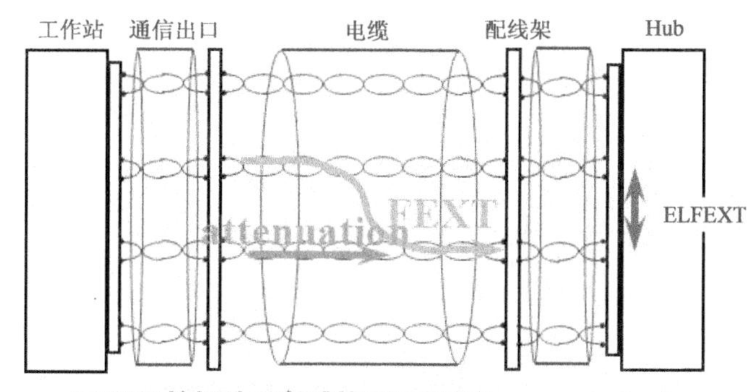

图4-25　等效远端串扰

15）PSELFEXT，如图 4-26 所示。和 PSNEXT 一样，PSELFEXT 是几个同时传输信号的线对在接收线对形成的 ELFEXT 总和。对 4 对 UTP 而言，它组合了其他 3 对线对第 4 对线的 ELFEXT 影响。

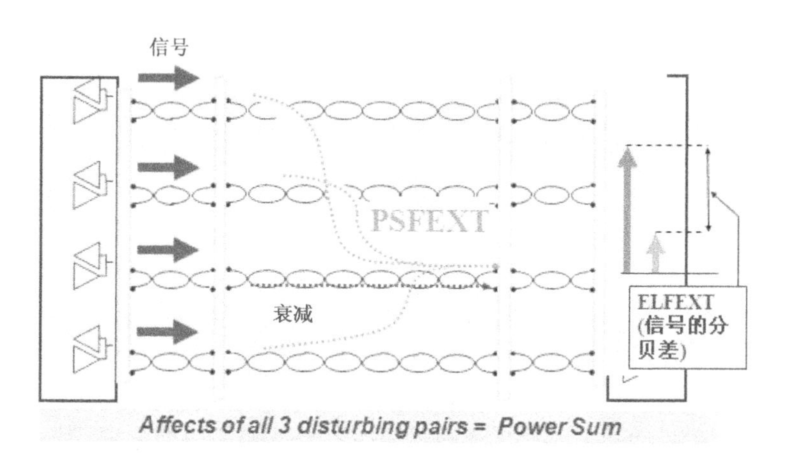

图4-26　PSELFEXT

4. 传输延迟（Propagation Delay）和延迟偏离（Delay Skew）

传输延迟是信号在电缆线对中传输时所需要的时间。传输延迟随着电缆长度的增加而增加，测量标准是指信号在 100m 电缆上的传输时间，单位是纳秒（ns），它是衡量信号在电缆中传输快慢的物理量。

延迟偏离是指同一 UTP 电缆中传输速度最快的线对和传输速度最慢线对的传输延迟差值，它以同一缆线中信号传播延迟最小的线对的时延值作为参考，其余线对与参考线对都有时延差值。最大的时延差值即是电缆的延迟偏离。

1）传输时延，如图 4-27 所示。

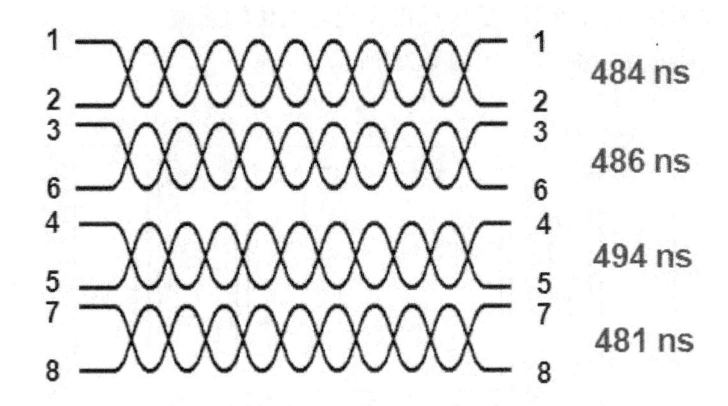

图4-27　传输时延

2）传输时延差，如图 4-28 所示。

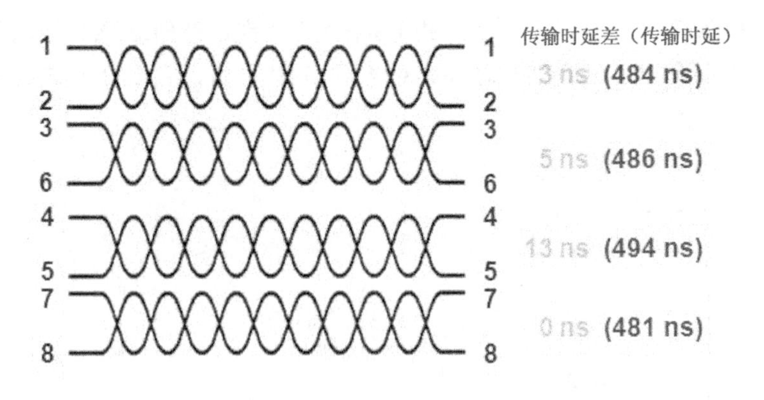

图4-28　传输时延差

5. 回波损耗（RETURN LOSS，RL）（见图 4-29）

回波损耗是线缆与接插件构成布线链路阻抗不匹配导致的一部分能量反射。

当端接阻抗（部件阻抗）与电缆的特性阻抗不一致偏离标准值时，在通信链路上就会导致阻抗不匹配。阻抗的不连续性引起链路偏移，电信号到达链路偏移区时，必须消耗掉一部分来克服链路偏移，这样会导致两个后果：一个是信号损耗，另一个是少部分能量会被反射回发送端。

被反射到发送端的能量会形成噪声，导致信号失真，降低了通信链路的传输性能。

回波损耗=发送信号/反射信号。

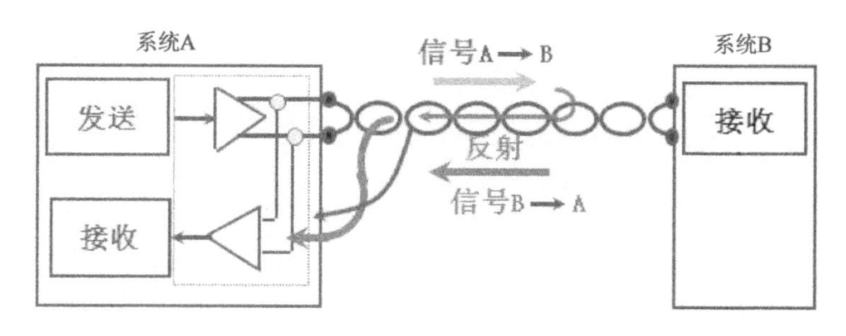

图4-29 回波损耗的影响

回波损耗越大，则反射信号越小，意味着通道采用的电缆和相关连接硬件阻抗一致性越好，传输信号越完整，在通道上的噪声越小。因此回波损耗越大越好。

测量整个频率范围信号反射的强度，其结果是特性阻抗之间的偏离。

小提示：回波损耗是由于阻抗不匹配造成的反射。

各种内部噪声如图 4-30 所示。

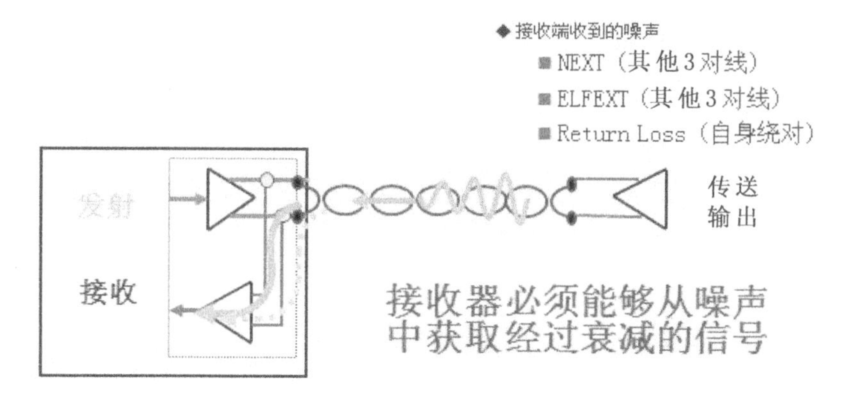

图4-30 内部噪声

ANEXT、PS ANEXT：串音不仅干扰相邻线芯的信号传输，同样也会干扰线缆外部其他线缆传送的信号。

由于通常在布线过程中使用同一厂商的线缆，同种颜色的线芯其几何结构（线对的扭绞率）几乎一致，所以同颜色线芯间的干扰尤其严重。在测试中用外部近端串音（Alien-NEXT，ANEXT）和外部远端串音（Alien-FEXT，AFEXT）来考察这类干扰的程度。同样也存在外部近端。

串音功率和（PS ANEXT）及外部远端串音功率和（PS AFEXT）：这些参数定义来自相邻数据线缆中串音分贝数，对于运行 10Gbit/s 速率的非屏蔽线缆而言，有非常重大的意义。串音干扰如图 4-31 所示。

图4-31　串音干扰

4.2.4　知识扩展

福禄克公司的 Fluke DTX 系列（DTX1800、DTX1200、DTX lt）操作步骤说明如下：

1. 初始化

（1）充电

将 Fluke DTX 系列产品主机、辅机分别用变压器充电，直至电池显示灯转为绿色。

（2）设置语言

将 Fluke DTX 系列产品主机旋钮转至“SET UP”档位，按右下角绿色按钮开机；使用“↓”箭头；选中第三条“Instrument setting”（本机设置）并按<Enter>键进入参数设置，首先使用“→”箭头，按一下；进入第二个页面，使用“↓”箭头选择最后一项“Language”并按<Enter>键进入；使用“↓”箭头选择最后一项“Chinese”并按<Enter>键选择。将语言选择成中文后再进行后续操作。

（3）自校准

取 Fluke DTX 系列产品 Cat 6/Class E 永久链路适配器，装在主机上，辅机装上 Cat 6/Class E 通道适配器。然后将永久链路适配器末端插在 Cat 6/Class E 通道适配器上；打开辅机电源，辅机自检后，“PASS”灯亮后熄灭，显示辅机正常。选择“SPECIAL FUNCTIONS”档位，打开主机电源，显示主机、辅机软件、硬件和测试标准的版本（辅机信息只有当辅机开机并和主机连接时才显示），自测后显示操作界面，选择第一项“设置基准”后（如选错按<Exit>键退出重复），按<Enter>键和<Test>键开始自校准，显示“设置基准已完成”，说明自校准成功完成。

2. 设置参数

将 Fluke DTX 系列产品主机旋钮转至“SET UP”档位，使用“↑”“↓”来选择第三条“仪器值设置”，按<Enter>键进入参数设置，可以按“←”“→”翻页，用“↑”“↓”选择所需设置的参数，按<Enter>键进入参数修改，用“↑”“↓”选择所需采用的参数设置，选好后按<Enter>键选定并完成参数设置。

1）新机第一次使用需要设置的参数有如下几条，以后不需更改。将旋钮转至“SET UP”档位，使用“↓”箭头；选中第三条“仪器设置值”并按<Enter>键进入，如果返回上一级，则按<Exit>键。

①线缆标识码来源：一般使用自动递增，会使电缆标志的最后一个字符在每一次保存测试时递增，一般不用更改。

②图形数据存储：有“是”“否”两个选择，通常情况下选择“是”。

③当前文件夹：选择“Default”并按<Enter>键进入修改其名称（用户想要的名字）。

④结果存放位置：使用默认值“内部存储器”，如果有内存卡的话，也可以选择“内存卡”。

⑤按“→”进入第 2 个设置页面，选择“操作员：You Name”并按<Enter>键进入，按<F3>键删除原来的字符，通过“←”“→”“↑”“↓”来选择想要的字符，选好后按<Enter>键确定。

⑥地点：Client Name，指用户测试的地点，可以依照所在地点进行修改。

⑦公司：You Company Name，指用户公司的名字。

⑧语言：Language，默认是英文。

⑨日期：输入现在日期。

⑩时间：输入现在时间。

⑪长度单位：通常情况下选择米（m）。

2）新机不需设置，采用原机器默认值的参数。

①电源关闭超时：默认“30min”。

②背光超时：默认“1min”。

③可听音：默认“是”。

④电源线频率：默认“50Hz”。

⑤数字格式：默认“00.0”。

⑥将旋钮转至“SET UP”档位选择双绞线，按<Enter>键进入后，NVP 不用修改。

⑦光纤里面的设置，在测试双绞线时不须修改。

3）使用过程中经常需要改动的参数。

将旋钮转至“SET UP”档位，选择双绞线，按<Enter>键进入。

线缆类型：按<Enter>键进入后按“↑”“↓”选择用户要测试的线缆类型。例如要测试超 5 类的双绞线，在按<Enter>键进入后，选择“UTP”并按<Enter>键，再用“↑”“↓”选择“Cat 5e UTP”，最后按<Enter>键返回。

测试极限值：按<Enter>键进入后按“↑”“↓”选择与用户要测试的线缆类型相匹配的标准，按<F1>键选择“更多”进入后，一般选择“TIA”里面的标准。例如，用户测试超 5 类的双绞线，按<Enter>键进入后查看在上次使用中有没有“TIA Cat 5e channel？”，如果没有，按<F1>键进入“更多”，选择“TIA”并按<Enter>键进入，选择“TIA Cat 5e channel”，按<Enter>键确认返回。

插座配置：按<Enter>键进入，一般使用 RJ45 水晶头，且是“568B”的标准。其他可以根据具体情况而定。可以按“↑”“↓”选择要测试的打线标准。

地点（Client Name）：测试的地点，一般情况下，每换一个测试场所，就要根据实际情况进行修改。

3. 测试

1）根据需求确定测试标准和电缆类型：通道测试还是永久链路测试？是 CAT5E、CAT6 还是其他？

2)关机后将测试标准对应的适配器安装在主机、辅机上，如选择“TIA CAT5E CHANNEL”通道测试标准时，主、辅机安装“DTX-CHA001”通道适配器，如选择“TIA CAT5E PERM.LINK”永久链路测试标准时，主、辅机各安装一个“DTX-PLA001”永久链路适配器，末端加装 PM06 个性化模块。

3）再开机后，将旋钮转至“AUTO TEST”档或“SINGLE TEST”。选择“AUTO TEST”是将所选测试标准的参数全部测试一遍后显示结果；“SINGLE TEST”是针对测试标准中的某个参数测试，将旋钮转至“SINGLE TEST”，按“↑”“↓”选择某个参数，按<Enter>键，再单击“TEST”即进行单个参数测试。

4）将所需测试的产品连接上对应的适配器，单击“TEST”开始测试，经过一阵后显示测试结果“PASS”或“FAIL”。

4. 查看结果及故障检查

测试后，会自动进入结果。使用<Enter>键查看参数明细，用<F2>键查看“上一页”，用<F3>翻页，按<Exit>键后按<F3>键查看内存数据存储情况；测试后，通过“FAIL”的情况，如需检查故障，选中标记有 X 的选项查看具体情况。

5. 保存测试结果

1）单击“SAVE”将测试结果进行存储，可使用“←”“→”“↑”“↓”键或使用“←”“→”移动光标来选择用户想使用的名字，如“FAXY001”，单击“SAVE”来存储。

2）更换待测产品后，重新单击“TEST”开始测试新数据，再次单击“SAVE”存储数据时，机器自动取名为上个数据加 1，即“FAXY002”，如同意则再单击“SAVE”再存储。一直重复以上操作，直至测试完所需测试产品或内存空间不够，需下载数据后再重新开始以上步骤。

6. 数据处理

1）安装 Linkware 软件：到 www.flukecn.com 或 www.faxy.com.cn（福禄克官方合作伙伴连讯公司网站）的“软件下载”栏目中下载电缆管理软件 Link ware v5 版本或更高版本，并安装好。

2）将界面转换为中文界面：运行 Linkware 软件，单击菜单“Options”，选择“Language”中的“Chinese（simplified）”，则软件界面转为中文简体。

3）从主机内存下载测试数据到计算机：在 Linkware 软件菜单“文件”中单击“从文件导入”，选择“DTX CableAnalyzer”，很快就可将主机内存储的数据输入计算机。

4）数据存入计算机后可打印也可存为电子文档备用。

①转换为“PDF”文件格式：在“文件”菜单下选择“PDF”，再选择“自动测试报告”，则自动转为“PDF”格式，以后可用 Acrobat Reader 软件直接阅读、打印。

②转换为“TXT”文件格式：在“文件”菜单下选择“输出至文件”，再选择“自动测试报告”则转化为“TXT”格式，以后可用记事本软件直接阅读、打印。

4.2.5 实训任务

1. 测试电缆链路

对项目 3 中的任务 9 已完成的“某学校图书馆综合楼综合布线系统”施工项目中电缆链

路部分进行整体测试。

（1）实训目的

1）掌握电缆链路的测试。

2）掌握网络检测及故障排查的方法。

3）培养学生团队合作的精神。

（2）实训要求

1）按照国家标准《综合布线系统工程验收规范》（GB 50312—2007）对图书馆综合楼 1～3 层所有房间到设备间之间的电缆链路进行测试，并作出故障记录。

2）排除所测试出的故障。

（3）实训材料和工具

网络测试仪 NF468、测试跨接线。

（4）实训安排

按照实训步骤完成网络布线电缆链路测试。

（5）实训步骤

1）制作好一根 RJ45 测试跨接线。

2）RJ45 跨接线一头插入模块面板中，另一头插入网络测试仪主机的 RJ45 接口；电缆链路另一端的水晶头插入网络测试仪辅机的 RJ45 接口。

3）拨动开头至“ON”位置，观察主、辅机上的指示灯闪烁情况，正常情况下，该指示灯应按照 1～8 的顺序同步依次亮起。如有灯不亮，或不按顺序亮起，说明链路有断路或错线的情况。

4）按照以上方法对所有的信息点进行测试。

5）对所有信息点测试完毕后，对不合格的链路进行整改直至合格。

任务 3　测试光缆链路

4.3.1　任务描述

随着光纤通信技术的应用越来越广，为了满足“高速率、大容量、远距离”通信的要求，制造光纤的原料的品种越来越多，光纤制作的工艺技术也有突破性发展，光纤的新品种和新结构不断出现，产品质量也不断提高。但是，一条完整的光纤链路的性能不仅取决于光纤本身的质量，还取决于连接头的质量以及施工工艺和现场环境。所以，对于光纤链路进行测试是十分必要的。

4.3.2　任务实施

光纤链路的通断测试，如图 4-32 所示。

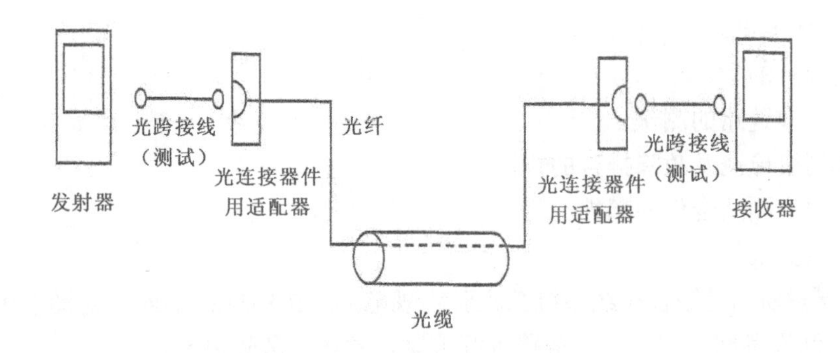

图4-32　光钎链路测试连接

1）测试按照图 4-32 所示进行连接。

2）打开光纤线路两端的光纤收发器，通过观察指示灯，来确认光纤链路的通断（具体指示灯如何判断，需参照所使用的收发器说明书）。

光纤链路的通断检测还可以通过用激光手电、太阳光、发光体对着光缆接头或耦合器的一头照光，在另一头看是否有可见光来判断。如另一头有可见光，则表明光缆没有断。

4.3.3　知识链接

1. 两个等级的测试

最新的光纤标准 TIA TSB140 已于 2004 年 2 月批准，它对光纤定义了两个级别（Tier 1 和 Tier 2）的测试。

（1）等级 1（Tier 1）测试

等级 1 测试光缆的衰减（插入损耗）、长度以及极性。进行等级 1 测试时，要使用光缆损耗测试设备（Optical Loss Test Set，OLTS），如光功率计测量每条光缆链路的衰减，通过光学测量或借助电缆护套标记计算出光缆长度，使用 OLTS 或可见光源如故障定位器（Visual Fault Locator，VFL）验证光缆极性。

（2）等级 2（Tier 2）测试

等级 2 测试包括等级 1 的测试参数，还包括对每条光缆链路的光时域反射计（Optical Time Domain Reflectometer，OTDR）追踪，进行故障定位。

等级 2 测试需要使用光时域反射计（OTDR）。

2. 引起光纤链路损耗的原因

1）材料原因。光纤纯度不够和材料密度的变化太大。

2）光缆的弯曲程度。包括安装弯曲和产品制造弯曲问题，光缆对弯曲非常敏感。

3）光缆接合以及连接的耦合损耗。这主要由截面不匹配、间隙损耗、轴心不匹配和角度不匹配造成。

4）不洁或连接质量不良。低损耗光缆的大敌是不洁净的连接，灰尘阻碍光传输，手指的油污影响光传输，不洁净光缆连接器可扩散至其他连接器。

对已敷设的光缆，可用插损法来进行衰减测试，即用一个功率计和一个光源来测量两个功率的差值。第一个是从光源注入到光缆的能量，第二个是从光缆段的另一端射出的能量。测量时，为确定光纤的注入功率，必须对光源和功率计进行校准。校准后的结果可为所有被测光缆的光功率损耗测试提供一个基点，两个功率的差值就是每个光纤链路的损耗。

3. 光功率计测衰减

（1）光纤衰减测试的准备工作

1）确定要测试的光缆。

2）确定要测试光纤的类型。

3）确定光功率计和光源与要测试的光缆类型匹配。

4）校准光功率计。

5）确定光功率计和光源处于同一波长。

（2）测试设备

包括光功率计、光源、参照适配器（耦合器）、测试用光缆跨接线等。

（3）光功率计校准

校准光功率计的目的是确定进入光纤段的光功率大小，校准光功率计时，用两个测试用光缆跨接线把功率计和光源连接起来，用参照适配器把测试用光缆跨接线两端连接起来。

4. 光纤链路的测试

测试光纤链路的目的是要了解光信号在光纤路径上传输衰减，该衰减与光纤链路的长度、传导特性、连接器的数量、接头的数量有关。

1）按图 4-32 所示进行连接测试。

2）测试连接前应对光连接的插头、插座进行清洁处理，防止由于接头不干净带来附加损耗，造成测试结果不准确。

3）向主机输入测量损耗标准值。

4）操作测试仪，在所选择的波长上分别进行两个方向的光传输衰耗测试。

5）报告在不同波长下不同方向的链路衰减测试结果：“通过”与“失败”。

6）单模光纤链路的测试同样可以参考上述过程进行，但光功率计和光源模块应换为单模的。

5. 衰减测试标准

（1）综合布线标准对衰减的要求

1）ANSI/TIA/EIA 568B.3 和 GB 50312—2007 对光纤信道的衰减值作了具体要求。光纤链路包括光纤、连接器件和熔接点，其中光连接器件可以为工作区（TO）、电信间（FD）、设备间（BD、CD）的 SC、ST、SFF 小型光纤连接器件。光缆可以为水平光缆、建筑物主干光缆和建筑群主干光缆。

2）衰减计算公式。

①光纤链路损耗=光纤损耗+连接器件损耗+光纤连接点损耗。

②光纤损耗=光纤损耗系数（dB / km）×光纤长度（km）。

③连接器件损耗=每个连接器件损耗×连接器件个数。

④光纤连接点损耗=每个光纤连接点损耗×光纤连接点个数。

光纤链路损耗参考值见表 4-2。

表 4-2　光纤链路损耗参考值

种类	工作波长/nm	衰减系数/（dB/km）
多模光纤	850	3.5
多模光纤	1300	1.5
单模室外光纤	1310	0.5
单模室外光纤	1550	0.5
单模室内光纤	1310	1.0
单模室内光纤	1550	1.0
连接器件衰减	0.75dB	
光纤连接点衰减	0.3dB	

（2）网络应用标准对衰减的要求（见表 4—3）

表 4-3　网络衰减的要求[IEEE 802.3z（千兆光纤以太网）]

1000BASE-SX(850nm 激光)	衰减/dB	长度/m
62.5μm 多模光纤	3.2	220
50μm 多模光纤	3.9	550
1000BASE-LX(1300nm 激光)	衰减/dB	长度/m
62.5μm 多模光纤	4.0	550
50μm 多模光纤	3.5	550
8/125 单模光纤	4.7	5000

（3）布线标准和网络应用标准的选择

1）在测试中往往存在用网络应用标准测试合格，而用布线标准测试不合格的情况，如图 4-33 所示。

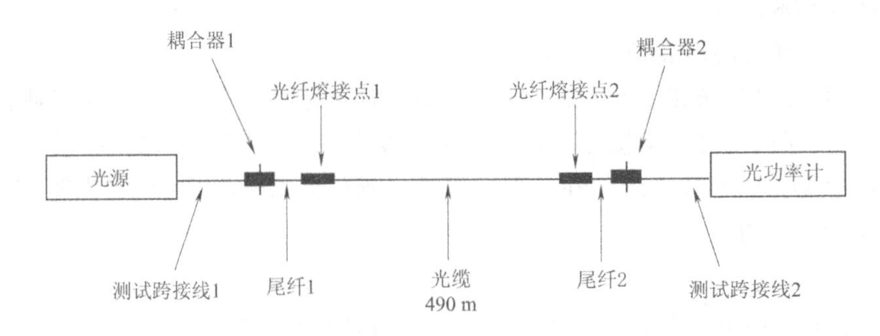

图4-33　光纤测试

2）因此，在光纤通信链路测试中要使用 TIA/EIA 568B.3、ISO11801—2002 等光纤链路布线标准进行测试，而不仅仅是网络应用标准。

6. OTDR 测试

1）光功率计只能测试光功率损耗，如果要确定损耗的位置和损耗的起因，就要采用光时域反射计（OTDR）。

2）OTDR 测试是通过发射光脉冲到光纤内，然后在 OTDR 端口接收返回的信息来进行。

3）当光脉冲在光纤内传输时，会由于光纤本身的性质、连接器、接合点、弯曲或其他类似的事件而产生散射、反射。其中一部分的散射和反射就会返回到 OTDR 中。

4）返回的有用信息由 OTDR 的探测器来测量，它们就作为光纤内不同位置上的时间或曲线片断。

5）OTDR 将光纤链路的完好情况和故障状态，以一定斜率直线（曲线）的形式清晰地显示在数英寸的液晶屏上。

6）根据事件表的数据，能迅速地查找确定故障点的位置和判断障碍的性质及类别，对分析光纤的主要特性参数能够提供准确的数据。

7）OTDR 可测试的主要参数有：

①测光纤长度和事件点的位置。

②测光纤的衰减和衰减分布情况。

③测光纤的接头损耗。

④光纤全回损的测量。

4.3.4　实训任务

1. 测试光缆链路

对项目 3 中任务 9 已完成的“某学校图书馆综合楼综合布线系统”施工项目中光缆链路部分进行整体测试。

（1）实训目的

1）掌握光缆链路的通断测试。

2）掌握光纤网络检测及故障排查的方法。

3）培养学生团队合作的精神。

（2）实训要求

1）按照国家标准《综合布线系统工程验收规范》（GB 50312—2007）对图书馆综合楼到信息中心机柜的光纤链路进行通断测试，并做出故障记录。

2）学会正确使用光纤收发器，明白光纤收发器上各指示灯表明的意思。

3）排除所测试出的故障。

（3）实训材料和工具

光纤收发器、光纤跳线。

（4）实训安排

按照实训步骤完成网络布线电缆链路测试。

（5）实训步骤

1）准备好两根光纤测试跨接线。

2）如图 4-32 所示，将两根光纤测试跨接线分别接入光纤链路两端的光连接器及适配器上，另一端接入光纤收发器上。

3）给光纤收发器通电，观察收发器指示灯的闪烁情况，根据所使用的光纤收发器的说明书，判断光纤链路的通断。

4）按以上方法对所有的光纤点进行测试。

5）对所有光纤点测试完毕后，对不合格的链路进行整改直至合格。

参考文献

[1] 温晞.网络综合布线技术—计算机技能大赛实战丛书[M].北京：电子工业出版社，2010.

[2] 王公儒.网络综合布线系统工程技术实训教程[M].北京：机械工业出版社，2009.

[3] 王公儒.综合布线工程实用技术[M].北京：中国铁道出版社，2011.

[4] 温晞.网络综合布线技术[M].北京：中国铁道出版社，2010.

[5] 江云霞，杨延嵩，等.综合布线实用教程 [M].2 版.北京：国防工业出版社，2010.

[6] 刘兵.综合布线与网络工程[M].武汉：武汉理工大学出版社，2008.